崩れゆく文民統制

崩れゆく文民統制

――自衛隊の現段階

纐纈厚 著

緑風出版

目次　崩れゆく文民統制
自衛隊の現段階

はじめに　自衛隊で何が起こっているのか・9
文民統制は機能しているのか・9　戦争放棄の厳格化を求めて・12

序　章　着々と進む自衛隊の組織再編　17
1　自衛隊加憲論をめぐって・18
いまなぜ自衛隊加憲論か・18　「戦力」が登場する・22　自衛隊組織改編と文民統制の崩壊・24
2　「統合作戦室」新設構想の狙いは何か・26
「統合運用」が自衛隊再編のキーワード・26　「統合作戦室」は誰が言い出したのか・29　統合幕僚監部と自民党国防族との鬩ぎ合いか・31　妥協の産物としての「新防衛大綱」・32
3　外圧を利用する自衛隊・33
創設の背景に「第四次アーミテージ報告」か・33　自衛隊統合幕僚監部の不満・36

第一章　自衛隊の独走はいつから始まったか　39
1　脅威の増大を口実にして・40
自衛隊組織・装備強化の背景・40　自衛隊の現状と問題点・47
2　大手を振るう自衛隊の体質・50

前面にでようとする自衛隊・50
3 防衛大臣・統幕議長の職責とは何か・55
余りにも酷い無理解ぶり・55 確信的な憲法逸脱行為・58

第二章 防衛省設置法改正をめぐって 63
1 何が変わるのか・64
第一二条の変更・64 文官統制とは何か・69 改正案を支持する見解も・71
2 改正案提出までの経緯・72
鬩ぎ合う背広組と制服組・72 防衛庁組織はどうなっているか・74 文民統制の解釈変更を求める・76 文官統制廃止に突き進む・77

第三章 文民統制の原点に帰る 79
1 文民統制導入の背景・80
「軍隊からの安全」のために・80 政軍関係論の視点から・82 軍人の自立は許されるのか・83
2 シビリアン・コントロールをめぐって・86
シビリアン・コントロールとは・86 シビリアンとは誰のことか・88 ミリタリズムとデモクラシー・91 文民ミリタリスト・93 リベラリズムとミリタリズム・94

第四章　文官統制成立の歴史を追う　97

1　近代日本の文民統制史・98
戦前期日本の文民統制・98　文民統制導入の経緯・100　文官スタッフ優位制・103　任用資格設定と「訓令第九号」通達・106　文官優位システムの確立・108　防衛参事官制度の導入・110　統合幕僚会議の見直し・113　骨抜きされる文民統制・115　文民統制の内実を問う・116　『防衛白書』の記述内容・119　自衛隊統制の方法・120　安全保障環境の変化とは・122

2　なぜ、文民統制は必要とされるのか・124
シビリアン・コントロール論の出自・124　軍隊への警戒と不信・126　主要各国のシビリアン・コントロール制度・129　政軍関係の四つのパターン・132　シビリアン・コントロールの理念と目標・133　シビリアンとは誰のことか・136

第五章　繰り返される逸脱行為　139

1　揺さぶられ続けた文民統制・140
三矢事件の衝撃・140　栗栖発言の意図・142　「訓令」廃止問題と「緊急事態統合計画」・145　政治に奔走する制服組幹部・147

2　独走する制服組・150
海幕長の思惑・150　陸自幹部の改憲案作成問題・152　現行憲法を正面から否定・

154　〝法によるクーデター〟・156　自衛隊の国民監視業務・158　重大な憲法違反行為・160　目立ち始めている国民への恫喝・162

第六章　政治活動に奔走する制服組幹部たち　165
1　変貌する自衛隊の現状・166
表出し始めた自主国防派の動き・166　明らかな自衛隊の変貌・170
2　文民統制を嫌悪する自衛隊・172
自衛隊内に台頭する脱アメリカ志向・172　九条否認と自主防衛・175　機能不全に陥っている文民統制・178

第七章　自衛隊を統制するのは誰か　181
1　目立つ自立志向・182
民主主義社会における政軍関係の問題として・182　文民統制見直し論の背景・183　制服組は背広組をどう見ているか・185　文民優越と文民統制の違い・188　自衛隊の内部事情・189　旧軍との連続性・191　自衛隊の憲法認識・192
2　制服組の文民統制観・196
統合運用をめぐる角逐・196　臨調が示す国家目標への対応・199　ガイドラインが文民統制見直し要求に拍車をかける・201　派兵国家日本に適合する文民統制を求

める動き・203

終　章　文民統制の原点に立ち返るために

1　文民統制をめぐる戦後論議の中身は・206
シビリアン・コントロールと文民統制のあいだ・206　文民統制に何を期待するのか・207　文官スタッフ優位制で、なぜいけないのか・208　文民統制を真剣に議論してきたのか・213　現代における軍事の位置はどこにあるのか・215

2　どのようにして防衛論議を深めていくのか・219
戦後防衛論議のなかの文民統制・219

3　理想としての文民統制の形とは・220
日本型文民統制の課題と改善点は何か・222

おわりに・227

主要参考文献（＊本書内で記したものは省く）・238
〈論　文〉・238　〈単　著〉・239

あとがき・241

はじめに　自衛隊で何が起こっているのか

文民統制は機能しているのか

一体、自衛隊に何が起きているのか。

それは、自衛隊の動きのなかで、常に問題とされてきた文民統制が本当に機能しているのか、という問いでもある。少し時間が経過し、記憶が遠のきつつある感のある南スーダンＰＫＯの日報問題で、稲田朋美《いなだともみ》防衛大臣（当時）が結局辞任に追い込まれた。さらに二〇一八年四月二日、小野寺五典《おのでらいつのり》防衛大臣が不存在と答弁していたイラク派遣日報が見つかったと発表した問題である。

それは文民統制（シビリアンコントロール）が全く機能していない現実を、国民が再び突きつけられた事件であった。そして、同年四月一六日、統合幕僚監部の航空自衛隊三佐による参議院議員小西洋之＝当時民進党）への暴言問題。事あるごとに、必ずと言って良いほど文民統制の、いわば健康度が話題に上がる。

長年、文民統制の問題を政軍関係論（Civil-Military Relations）や政軍関係史を踏まえて追及してきた私としては、こうした事件が起こる度に、その健康度の診断を問われてきた。

そこで私はこの問題は、二つの側面を切り分けて受け止めるべきではないか、と幾つかのコメントを行った。一つは、自民党改憲案に明記されようとしている自衛隊組織に内在する隠蔽体質と文民統制を蔑ろにする姿勢が、残念ながら一段と深まっている現実を指摘すること。

特に中国の軍拡や海洋進出、北朝鮮のミサイル発射実験などを理由に、「東アジアの安全保障環境が変わった」として防衛予算の増大や専守防衛を逸脱する正面装備の充実を急ぐ安倍政権の下で、自衛隊が外交防衛議論の深まらない間隙を縫うように、組織と権限の拡充に奔走している現実をどう考えるか、ということだ。

例えば、本書でも詳しく述べるが、二〇一五年六月一〇日、参議院本会議で可決成立した「防衛省設置法第一二条改正」により、防衛大臣の下で文官（背広組）と武官（制服組）の役割期待が事実上対等となり、制服組高級幹部の政治的発言権が大きくなった。これは一連の自衛隊制服組権限強化傾向の通過点に過ぎない。このような事態を招いているのは、日本の将来にわたる平和安全保障戦略を打ち出せず、ただ日米同盟の深化と自衛隊の国防軍化に傾斜するばかりの安倍政権の責任と言えはしないか。同時に、その安倍政権の姿勢に対し、徹底した批判の論陣を張り切れなかった野党やメディアの問題もあろう。

二つめの問題は、実はこれこそが最も議論の対象とすべきだが、前回の事例をも含めて安倍政権が事態の深刻さをどれだけ痛感しているかである。次々に起こる文民統制を脅かす事例に、自衛隊最高指揮官である首相を筆頭に、政府や与党、さらには野党をも含めて、一連の事件が結局は自衛隊制服組高級幹部の責任として捉えているのであれば、それは大変な勘違いだ、ということである。

要するに、国民の知る権利が、森友・加計学園問題、近々の不正統計問題などを含め、完全に反故にされてきた責任の主体として政権の責任こそ、先ずもって問われるべきではないか、ということだ。

言い換えれば、政府は自衛隊問題に限っても隠蔽体質を抱え込んだまま権限強化に奔走し、その結果文民統制が形骸化されていく現実を防止できなかった責任である。自衛隊の最高指揮権者である首相、防衛行政の最高責任者である防衛大臣が、武官（制服組）を統制する能力を全く欠いていたことが明らかにされた点こそ、もっとも問われるべきである。文民統制が今日では逆に〝武官統制〟にすらなりかわっていると懸念するのは、過剰な反応だろうか。

この機会に日本の平和と安全を担保する長期の国家戦略を開かれた場で徹底して議論し、そのなかで本来あるべき自衛隊の役割期待を再定義することが求められるべきだ。同時に、文民統制という場合の文民とは、私たち自身の事であり、私たちの付託を受けた首相を筆頭とする政治家たちであることを肝に銘ずべきだろう。私たちは、軍部が独走した戦前の苦い歴史体験を、もう二度と繰り返してはならないのである。

私はこれまでに、『文民統制　自衛隊はどこへ行くのか』（岩波書店、二〇〇五年刊）や『暴走する自衛隊』（筑摩書房・新書、二〇一六年刊）をはじめ、文民統制成立の背景やその実効性に関する著作や論文を発表してきたが、最近の一〇年間を見ても自衛隊と文民統制をめぐる問題は、一層深刻化していると言わざるを得ない。そこで本書では、同著以降の動きを射程に据えつつ、あらためて文民統制の現段階について論じた。つまり、文民統制の実効性が担保されるためには、いま何が求められているかを考えてみようとするものである。

戦争放棄の厳格化を求めて

戦後の私たちは憲法9条を中心とする平和憲法を護り、活かしていくために護憲運動や活憲運動のために全力を挙げてきた。その運動総体がベトナム戦争の折に韓国軍がベトナムの戦場に派兵を余儀なくされたのに反し、日本はアメリカからの執拗な派遣要請がありながら、反戦平和運動と平和憲法があったがゆえに派遣を拒否することができた。

その限りで平和憲法は日本のベトナム参戦を阻止する具体的な力となったのである。また、その成果ゆえに戦後保守権力は一貫して改憲を目指し、今度こそアメリカの派遣要請に応え得る国家へと転換を図っている。それが改憲の目論見であることは言うまでもない。いままた日本はアメリカが主導する対イラン包囲網の一翼を担うべく、「有志連合」なる連合軍への参加を求められている。

この本が世に出る頃に、一体どのような事態になっているか予測は付け難いが、日本自衛隊が有志連合に参加し、正真正銘の同盟軍として戦場に登場する可能性も高まっている。

ところで、具体的な改憲案が提案されてくるまで、保守権力は事実上の解釈改憲により自衛隊も防衛省組織をも強大化・肥大化させることに成功してきた。今日、労働者を中心とする反戦平和運動に加え、多様な市民運動の活発化に対応して、権力は一気呵成の改憲案ではなく、あくまで形式以上のものではないにせよ、加憲案でこうした運動圧力を巧みに回避し、9条残置案によって世論の批判を回避しつつ、事実上の改憲路線を採ろうとしている。

その意図を何よりも法理論から確認していくと同時に、これまで自衛隊や防衛省の組織権限の強大化を許してきた現行憲法の限界性について、十分に議論を尽くす段階にも来ているのはないか。

つまり、この機会に自衛隊の存在や日米安保の体制を段階的にでも解消するため、戦争放棄・戦力不保持を謳う憲法9条を厳格化の方向性のなかで、あらためて9条強化論を逆に提起していく議論や運動も必要ではないか、ということだ。憲法9条で護《まも》られてきたものと、護れなかったものを十分に吟味しながら、護憲の力を鍛えていくことが、これからの護憲運動を一層強化成熟させていくためにも不可欠ではないか、ということである。

具体的には、自衛隊組織を一部国際レスキュー部隊や海保などへの編成替え（シフト論）、日米安保条約を日米友好平和条約に転換していくこと（切り替え論）などの、具体的提案を検討しながら、安倍改憲論に対抗していくべきではないか。

このように、9条に新たな反戦平和のためのエネルギーを注入する手立ては、実に沢山ある。誤解を恐れずに敢えて言えば、そうした運動の成果の上に、将来においても9条を厳格に保守し、活かしていくための運動を再構築していくべきであろう。そこにおいては、民主主義の下での民主と軍事の共存関係が何処まで可能なのか、そもそも実質的な軍隊、しかも攻勢的な実力を有する自衛隊をどう統制していくのかについて、ヨーロッパ諸国にも具現されるような民間人による監視制度の創設なども検討されて然《しか》るべきであろう。

また、9条を厳格に捉えるためには、そうした具体的な制度の創設や日米安保体制の見直しを含め、具体的な議論や政策を打ち出していく余地は実に多い。既に東アジアの安全保障環境は朝鮮半島情勢の急転を踏まえて、ダイナミックに様変わりしつつある。そうした国際情勢にも対応した日本独自の安全保障論の打ち出しのなかで、改めて文民統制の問題を捉え直したいものである。そうした粘り強い運動によって、はじめて自民党の危険な改憲を打ち砕く展望も開けて来よう。

そうした思いを踏まえて、本書は自衛隊の現状を概観（序章・第一章）し、防衛省設置法改正に見られるように自衛隊組織の改編の実態を追う（第二章）。そのうえで文民統制の原点を今一度歴史を遡りつつ確認する（第三章・第四章）。そのなかで文民統制の逸脱事例をいくつか検証（第五章）し、政治活動に前のめりになりつつある自衛隊制服組の動きも見ておく（第六章）。そして、最終的には、現在では世界の軍隊トップテンの上位に位置づけられるまでに至った自衛隊を一体誰が、どのような方法で統制するのかを自衛隊の役割期待を論じつつ考えてみることである（第七章・終章）。

ところで、私たちが素手で世界のトップテンにランクされる自衛隊を統制することは不可能である。そこでは民主主義的手法による事実上の軍隊の統制が理論的には可能であっても、現実には民主主義自体の制度疲労も手伝って困難を極める。しかし、私たちがともかく、自衛隊という武装組織と共存していくとするならば、一体どのような統制理論と制度設計が必要なのかを再考する時に来ていることだけは確かである。

変容する東アジアの安全保障のなかで、ただただ徒《いたずら》に脅威論を煽るだけでなく、脅威の実態を摑《つか》み、相互脅威論のなかで軍事主義に走るのではなく、脅威の解消方法を紡ぎだすときであろう。その場合、忘れてならないのが、実は自衛隊も相手国にしてみれば脅威の対象として認知されていることである。

その意味でいえば、文民統制とは自衛隊統制の制度という狭い意味に留まらず、自衛隊が相手国に脅威を与えない組織であることをも示す。つまり、文民統制は広義において、東アジアの安全保障環境にも深く関わる課題なのでもある。

序章　着々と進む自衛隊の組織再編

1　自衛隊加憲論をめぐって

いまなぜ自衛隊加憲論か

二〇一七年五月三日の憲法記念日。安倍晋三首相は、唐突にも憲法改正案に自衛隊を明記する考えを明らかにした。

憲法改正案については様々な案が錯綜しており、一体最も何を優先事項として改正案を議論の俎上に上げようとしているのか、その変容ぶりは著しい。

憲法改正論の目玉として自衛隊を自衛軍、さらには国防軍などと名称を変更する案も世上を賑わしたが、基本的には憲法第9条をめぐる攻防が一貫して続いていた。そのなかで第9条の1項と2項を残置しての自衛隊の憲法明記は、一体どのような内容であろうか。

それを先ず議論の前提として示しておきたい。現行憲法の第9条は言うまでも無く、1項（戦争放棄）と2項（戦力不保持）を謳っているだけである。今回、自衛隊を憲法に明記する、いわゆる加憲論が出て来たので、便宜的に現行の第9条を敢えて「9条の1」としておく。これに、いわゆる「9条の2」が以下の内容で加憲されるという提案がなされている。

「9条の1」

9条　　日本国民は、正義と秩序を基調とする国際平和を誠実に希求し、国権の発動たる戦争と、武力による威嚇又は武力の行使は、国際紛争を解決する手段としては、永久にこれを放棄する。
2　前項の目的を達するため、陸海空軍その他の戦力は、これを保持しない。国の交戦権は、これを認めない。

「9条の2」
前条の規定は、我が国の平和と独立を守り、国及び国民の安全を保つために必要な自衛の措置をとることを妨げず、そのための実力組織として、法律の定めるところにより、内閣の首長たる内閣総理大臣を最高の指揮監督者とする自衛隊を保持する。
2　自衛隊の行動は、法律の定めるところにより、国会の承認その他の統制に服する。

最初に整理の都合上、「9条の2」の内容を検討しておく。その1項で〝9条の1〟の1項と2項とを受けて、それとは別に新たに「9条の2」を設けるとした。それは、「前条の規定は、我が国の平和と独立守り、国及び国民の安全を保つために必要な自衛の措置をとることを妨げず、そのための実力組織として、法律の定めるところにより、内閣の首長たる内閣総理大臣を最高の指揮監督者とする自衛隊を保持する。2　自衛隊の行動は、法律の定めるところにより、国会の承認その他の統制に服する」との内容である。

要するに、ここでの眼目は「自衛隊保持」と「自衛隊統制」である。「9条の2」の1項で、平和と独立、国家と国民の安全保持のために「必要な措置」を採るための武力装置として位置づけることが、自衛隊を憲法に明記する理由と言う。

だが安倍改憲案の問題は、現行憲法の9条1項を正面から否定していることだ。平和憲法の根本原理である「自衛の措置」が武装自衛を前提として解釈されているのである。

主権国家としての自衛権を否定するものではないが、現行憲法を正しく読めば、それは非武装自衛と解するのが正当である。歴代の政府が「最低限度の自衛力」の文言により、ギリギリのところで自衛隊を位置づけ、自衛隊の〝軍隊化〟にブレーキをかけてきた、その努力を水泡に帰するための文言である。

「自衛隊統制」について言えば、将来自衛隊が「軍隊」として憲法上容認されていくことを前提にし、軍隊化した自衛隊が法律や議会（国会）により形式的には統制を受ける建前の下に、その合憲性を確保しようとしたものである。しかし、そのことは現在世界で第七位前後にランクされる実力部隊にまで強大化した自衛隊に、さらなる増強を許容しかねない。その意味で、この自衛隊合憲論は、その時点で既に歯止めを事実上外したに等しいものとなる。その点で危険極まりない内容だ。

これまで自衛隊を法律の段階に押しとどめることにより文民統制を実効化してきたが、これが憲法に明記され、格上げされることになれば、9条による間接的な意味での自衛隊統制の意義が完全に損なわれることになるのではないか。9条は自衛隊をも含む、あらゆる「戦力」を持たないと宣言することで、実力組織への抑止・統制を行っていると解することも出来よう。

そこから問題とすべきは、ならば9条と自衛隊の相互関係を、一体どのように位置づけたら良いのか、ということだ。今回の憲法改正に絡む最大の課題である。安倍改憲論の最大の目的も、実にこの点にあるからだ。つまり、強大化した自衛隊と、戦争放棄及び戦力不保持を明記する現行憲法との乖離を埋めるというのが、安倍改憲論の狙いであることは再三指摘されている通りである。

非常に単純化して言えば、解答は自衛隊明記によって自衛隊の軍隊化を容認するか、それとも明記しないで将来において、段階的であれ解体へのプロセスを設定するか、の二者択一の問題となっていく。前者の場合は、既に集団的自衛権行使の容認と、これを法的に担保する安保法制において、かなり攻勢的な武力行使の要件が設定されてしまった。安倍改憲案には、「我が国の平和と独立を守り、国及び国民の安全を保つために必要な自衛の措置をとることを妨げず」とあり、実は安保法制以上に「自衛の措置」を採用する許容範囲が無制限化している。

ここでの問題は、日本の平和と独立、国家と国民の安全が棄損される可能性がある場合には、「自衛の措置」をストレートに採ることを前提にしていることだ。このことは、「9条の2」の前に置かれる9条1項と2項の戦争放棄と戦力不保持という重要な歯止めを事実上解除することを意味している。これは法律用語でいう「後法優先の原則」があるために、そう解釈せざるを得ないのである。もし、9条1項と2項を活かすのであれば、「9条の2」は、その前に持ってくるはずだが、後ろに置くことは、1項と2項を棄損することが最初から意図されている、と判断しても間違いないであろう。実に狡猾な手法である。

それで、1項と2項を残すことで国民の9条改憲の不安を払拭し、その向こうで事実上これを否定するに等しい「9条の2」を入れ込むのである。

ここに改憲の意図が透けて見える。ここでも多様な法理論上の解釈が飛び交っている状況だが、やはり「後法優先の原則」からして、「9条の2」の加憲は、特に9条1項と2項とを有名無実化する以外何物でもないのである。まさに「9条の2」は平和憲法を、その内部から食い破るために送り込まれた〝刺客〟のようなものと言える。

「戦力」が登場する

「9条の2」で明記される「自衛隊」は、明らかに9条2項が規定する「陸海空軍その他の戦力」でないことになる。

繰り返すが、「後法優先の原則」からして、そう解釈できる仕組みが用意されているのだ。つまり、そこでは平和と独立、国家と国民とを守ることを理由として、自在に「必要な自衛措置」を採ることを許容しており、集団的自衛権も縦横に行使可能となる。

安倍政権は、集団的自衛権行使によってアメリカ軍との共同作戦を実行しようとしており、それは自衛隊の意向に合致する。そのような改憲政府に統制されることは、何ら問題ないと自衛隊側を捉えているのであろう。それが、結局は「自衛隊統制」を受け入れることを明文化する理由である。

それでは、一体何が問題となるのか。

最大の問題は9条2項の「戦力不保持」の内容が事実上無効化されることであることは、既に多くの指摘がある通りである。無効化するばかりでなく、平和と独立を守るとの理由で、事実上戦力として認定された自衛隊が、集団的自衛権行使を理由にして、自在な軍事行動を許容することになることである。

つまり、９条１項と２項において、「正義と秩序を基調とする国際平和」の実現のためには戦争に訴えず、それゆえに戦力も不要とする誓いが、「９条の２」によって事実上全面否定されているのである。法解釈上から言えば、「９条の２」で明示されている自衛隊は、９条２項の規定力が無効化された例外規定ということになる。その意味からすれば「９条の２」とは、文字通り例外規定そのものである。

ここで明白にされるのが、繰り返すまでもなく、自衛隊の国防軍化である。

それでも自衛隊が「国会での承認その他の統制に服する」と明記しており、所謂文民統制が、今度は事実上憲法においても謳われており、文民統制が格上げされたのではないか、とする議論も起こりえる。しかし、この「９条の２」２項を額面通りに受け取る訳にはいかない。

なぜならば、第一に自衛隊制服組の権限の強化拡大には実際に歯止めがかからなくなっているからである。文官統制の事実上の廃止、防衛省設置法第一二条の改正による最高指揮官（首相）と直接の指揮監督を務める防衛大臣というラインの下に位置づけられる制服組と、背広組トップの位置が対等化している現実がある。

要するに、すでに制服組が防衛上（軍事上）の専門的領域においては、背広組トップの判断を否定してでも、防衛大臣や首相に意見具申可能なシステムに転換している現状がある。

第二には、戦前における大日本帝国憲法（明治憲法）第九条に示された「天皇は陸海軍を統帥す」（統帥条項）は、天皇が直接に日本軍を統帥（指揮）することを意味した。それゆえ戦前の軍隊が「天皇の軍隊」（皇軍）とされたように、最高指揮官（首相）と現場を直接預かる制服組トップとの間に防衛大臣が入るとしても、事実上は〝首相の軍隊〟としての関係性が明瞭にされるからである。

確かに現行の憲法第六六条で「内閣総理大臣その他の国務大臣は、文民でなければならない」とされ、その限り自衛隊の最高指揮官は「文民」であり、その文民首相に統制すると規定することで、文民統制の堅持が明記されはしている。

だが、統合幕僚監部が、従来内局が保持していた作戦計画策定に関する権限も委譲するように迫っている現状から、もはや統合幕僚監部が戦前の参謀本部と海軍軍令部を合わせた強大な戦争指導機構としての役割を演じることは間違いところまで来ている。今回の改憲案は、実はこうした自衛隊組織の権限拡大を、そのまま憲法によって、文字通り合法化しようとするものである。その自衛隊が、統制に完全に服していくことは考えられないのである。

自衛隊組織改編と文民統制の崩壊

自衛隊加憲論は、あくまで政治課題として論争の材料として浮上してきた。

そうした論争の枠外で、近年自衛隊の組織再編が着々と進められている。そこでのキーワードは「統合運用」だ。つまり、自衛隊が近い将来、「国防軍」として正真正銘の「軍隊」と位置づけられようとしていることは間違いない。自衛隊が文字通り戦える武装集団として機能するには、軍事的合理性からして、三自衛隊の統合運用こそ究極の課題であった。

二〇一六年三月二七日、統合幕僚長を長とする統合幕僚監部が、それまでの統合幕僚会議に替わって発足したことは、自衛隊創設以後最大の組織改編であった。

当時、こうした動きを支持する立場からは、「自衛隊が〈統合〉に向かうことは、軍事組織として自然で合理的な現象といえる。今回の組織改編により、運用事項を統合幕僚監部に集約し、統合幕僚長に広範な権限を与えたことは、統合化に向けた動きを不可逆的な流れとするであろう」（鈴木滋「自衛隊の統合運用　統合幕僚組織の機能強化をめぐる経緯を中心に」（国立国会図書館編刊『レファレンス』第六六六号・二〇〇六年七月号、一四一頁、傍点引用者）などとする見解が盛んに示された。

「不可逆的な流れ」は、暫くの時を経て加速され、統合幕僚長の首相補佐権が一気に格上げされた。防衛省設置法第一二条の改正である。それで、統合幕僚長及び三自衛隊の各幕僚長（武官）と防衛省の内局（文官）の防衛大臣に対する補佐権は事実上対等化することになった。つまり、文民統制に大きな風穴が開けられたに等しい制度改編が強行されたのである。

統合幕僚長は三自衛隊に対する指揮運用権も確保しており、これを別の角度から言えば、三自衛隊の指揮運用権者である統合幕僚長が防衛大臣と並びに自衛隊の最高指揮官である首相を直接補佐する権限を獲得した状態となっているということである。依然として解決すべき調整事項が残っているものの、自衛隊内における統合運用が着実に実体化されつつあるということだ。

しかし、首相及防衛大臣への補佐権限の強化には成功したものの、実は自衛隊内における統合運用が完全を期しているかというと、まだ中途半端な面がいくつか露呈もしている。

それでも、文民統制（シビリアン・コントロール）の観点からすれば、三自衛隊の指揮運用権を保持した統合幕僚長が、事実上防衛大臣と対等の補佐権を確保したということになれば、極めて重大な問題を指摘せざるを得ない。つまり、自衛隊のトップである武官が文民・文官である防衛大臣と並列の関係に位置づけられるということは、文民が武官に優越することを基本原理とした文民統制の根本を否定することになるからである。

文民統制とは、文民が武官を統制すると同時に文民が武官に優越するという原則である。武官は文民に「従属する誇り」を抱いてこそ、この制度や原理は初めて意味を持つ。

戦前においては陸・海軍を大元帥であった天皇が統帥《とうすい》し、その天皇を直接補佐する権能が陸軍参謀総長と海軍軍令部総長に付与されていた。この陸・海の総長は帷幄上奏《いあくじょうそう》制度により直接意見を具申する権能を与えられ、同時に作戦立案や部隊の運用の権限を持った。二人の総長には陸・海軍大臣も、それに首相も統制不能な状態に置かれた。こうして帝国陸・海軍はそれが、いわゆる軍部と言われる政治集団と化し、政治統制から抜け出して開戦を事実上主導していった。

2　「統合作戦室」新設構想の狙いは何か

「統合運用」が自衛隊再編のキーワード

近年自衛隊の組織再編が急ピッチに進められている。

そこでのキーワードは「統合運用」である。自衛隊加憲論で明記された自衛隊が、近い将来には「国防軍」として正真正銘の「軍隊」と位置づけられること射程に据えられているのは間違いないことは既に述べた通りである。そうなると益々自衛隊は、文字通り〝戦争のできる軍隊〟としての内実を伴う必要がある、と自民党国防族らが声高に叫び始めている。

そうした構想の下に、自衛隊が文字通り戦える武装集団として機能するには、確かに軍事的合理性からすれば三自衛隊の統合運用は究極の課題であった。それで二〇〇六（平成一八）年三月二七日、統合幕僚長を長とする統合幕僚監部が、それまでの統合幕僚会議に替わって発足したことは、自衛隊創設以後最大の組織改編と言えた。

つまり、それまでは陸自・海自・空自の三自衛隊の部隊運用が陸幕長・海幕長・空幕長の各部隊運用に関する防衛庁長官（当時）への補佐権によって行使されていたものが、統合幕僚長に集約されることになったのである。統合幕僚長の前身である統幕議長には、三自衛隊の幕僚長に対する指揮命令権が付与されておらず、議長は三自衛隊の調停者的な役割に甘んじていた。

純軍事的に見れば、三自衛隊の指揮権を長の下に一元化、換言すれば統合運用の権能を保持することは合理的な判断であったが、制服組のトップが武装集団を直接的に傘下に置くとなると、文民統制上の点からも由々しき問題となることは必定であったのである。

戦前においては陸海軍を大元帥であった天皇が統帥し（統帥権の独立）、その天皇を直接補佐する権能が陸軍参謀総長と海軍軍令部総長に付与されていた。陸海の総長は帷幄《いあく》上奏制度により、内閣総理大臣を経ずに天皇に直接意見を具申する権能を与えられ、同時に作戦立案や部隊の運用の権限を持った。

二人の総長には陸・海軍大臣も、それに首相も統制不能な状態に置かれた。この制度によって、軍部は政治集団化し、政治統制から抜け出して開戦を事実上主導していった。

そうした歴史の轍を踏まないために、戦後再軍備のなかで最高指揮官である首相の下に文民である防衛庁長官・防衛大臣が部隊運用の責任者となった。その部隊運用権を事実上代行してきたのは文官であった。それが文民統制（シビリアン・コントロール）の制度の始まりである。

事実上は内局の文官が部隊を統制する形式を採ったことから文官統制とも言われてきた。

それが近年の相次ぐ自衛隊組織改編のなかで、統合幕僚長の首相補佐権が一気に格上げされた。それが防衛省設置法第一二条の改正であった。これによって、実は文民統制は換骨奪胎され、現在は統合幕僚長と防衛大臣の首相に対する補佐機能は対等化されたと言って良い。つまり、文民統制に大きな風穴が開けられたに等しい制度改編であったのである。

その一方で、その統合幕僚長の三自衛隊に対する指揮運用権も確保しており、これを別の角度から言えば、三自衛隊の指揮運用権者である統合幕僚長が防衛大臣と並び首相を直接補佐する権限を獲得した状態となっているということである。

つまり、依然として解決すべき調整事項が残っているものの、自衛隊内における統合運用が着実に実体化されつつある現状ということだ。しかし、首相への補佐権限の強化には成功したものの、実は自衛隊内における統合運用が完全を期しているかというとまだ中途半端な面がいくつか露呈もしている。

「統合作戦室」は誰が言い出したのか

こうした一連の統合運用化のなかで、「統合作戦室」創設構想が俄然話題となっている。自衛隊が進めている「統合運用」と、どのように関わっているかを中心に以下論点を整理しておきたい。

二〇一八年三月二七日に陸上総隊が創設された。陸上総隊は、海自の自衛隊艦隊、空自の航空総隊と合わせ統合運用され、アメリカ軍と一体化を進め、文字通り三自衛隊とアメリカ軍とが一つの軍として機能する体制が整備されたのである。

これに加えて二〇一八年の秋以降には、「統合作戦室」の設置が取沙汰された。自衛隊ウオッチャーの多くが、恐らく二〇一八年末に公表された「防衛大綱」で明らかにされると予測していたものだ。

ところが、蓋を開けてみると、新「防衛大綱」には、その具体的名称も出ていない。これは多くの予測を覆すものであり、そこから自衛隊における統合運用の拠点である統合幕僚監部と「統合作戦室」推進派との調整が最後までつかなかったのではないか、との専《もっぱ》らの評価がでてくる。

統合作戦室設置構想では、文字通り三自衛隊部隊の指揮を一元的に統合し、自在の作成遂行に資する役割を専門的に担うためとされるが、その役割は従来統合幕僚監部が、まさに統合運用という名称で引き受けてきた。それとは別組織の新設は、屋上屋を重ねるものだとする批判も当然ながら存在もしてきた。

そもそも「作戦」の名称を盛り込んだ「統合作戦室構想」をぶち明けたのは、中谷元《なかたにげん》・元防衛大臣等の自民党国防族の面々である。恐らく、この設置構想には大きく言って二つの重大な意味があろう。

一つは、文字通り「作戦」の名称を持ち込むことによって、自衛隊を正真正銘の「戦う軍隊」としての内実を高めようとする、一種のプロパガンダの狙いである。二〇一七年五月三日の憲法記念日に安倍首相が唐突にも切り出した自衛隊加憲論に具現されている事実上の自衛隊国軍化構想と表裏一体の関係性が露骨に滲み出た感がある。

既に自民党国防族の面々をはじめ、自民党内の自衛隊国軍化派の頭には、自衛隊の専守防衛を基調とする防衛戦略は極めて希薄となっており、いわゆる作戦展開を自在に選択可能な防衛戦略を内容とする攻勢戦略へと大きく舵を切っていることは周知のことである。三自衛隊を自在に作戦展開するコントロールセンターとしての「統合作戦室」設置は、こうした方向性を確実とするために必須の要件と位置付けるのである。

「統合作戦室」が具体的に如何なる機能役割を果たすのかについて、現時点では定かではない。そもそも三自衛隊の統合運用については、これまで自衛隊組織の相次ぐ改編のなかで、ある意味では着々と進められてきた経緯がある。現在は、その要として統合幕僚監部が組織強化され、統幕議長の権限強化が進められているのである。

こうして、個別的ではあれ統合運用機能が全体化された。これを権限強化された統幕議長が統轄するシステムができあがっている。そのうえで、さらに「統合作戦室」を設置するのは、確かに屋上屋を重ねるものとする評価もできる。

統合幕僚監部と自民党国防族との鬩ぎ合いか

しかし自民党国防族の面々は、それでは不充分だと判断していることだ。

そこから判断できるのは、現在、自衛隊・防衛省主導で進めている統合運用の主導権を、国防族に後押しされた官邸主導型の「統合作戦室」構想に切り替えようとする意図が透けて見えることだ。つまり、統合幕僚監部主導の統合運用態勢に「文民」である中谷元衆議院議員らが異議を唱え、官邸主導型統合運用機能の強化を打ち出していることである。これに統合幕僚監部と防衛省とは、如何なる姿勢を採っているかが注目されていた。

この両者の鬩《せめ》ぎ合いの意味は、一つには自衛隊統合幕僚監部が統合運用の主導権をあくまで確保し、現在の進めている三自衛隊個別の統合運用システムを事実上の一元化する方向で、三自衛隊相互の内部調整を進めて行きたいと考えていることである。専門的職能集団である自衛隊組織には内部に岩盤の如くのテリトリアリティー（縄張り意識）あり、これを溶解していくには相当の内部調整作業が必要である。

先に陸自において総隊が設置された折り、当座は既存の五個方面隊を解消したうえでの総隊設置構想が進められた経緯があったものの、内部調整が上手くいかず、結局は五個方面隊を残したまま、見切り発車的な動きのなかで総隊が設置されたことも、その典型事例であった。組織内団結力が強い分だけ既得権益の保守は一般社会でも見られないほど頑強なのである。

妥協の産物としての「新防衛大綱」

二〇一八年一二月一八日、国家安全保障会議及び閣議決定された「平成三一年度以降に係る防衛計画の大綱について」(以下、「新防衛大綱」)では、「V　自衛隊の体制等」の項目を設け、「1 領域横断作戦の実現のための統合運用」において、「(1)あらゆる分野で陸海空三自衛隊の統合を一層推進するため、自衛隊全体の効果的な能力発揮を迅速に実現し得る効率的な部隊運用態勢や新たな領域に係る態勢を統合幕僚監部において強化するとともに、将来的な統合運用の在り方について検討する」(同、二四頁。傍点引用者)と折衷型の文言に集約された。

どう読んでも奥歯に物が挟まったような典型的な両論併記の文言である。この文言から、統合幕僚監部と自民党国防族及び官邸との鬩ぎ合いの実情が透けて見える。「将来的な統合運用の在り方について検討する」との含みを持たせた表現によって、両者の妥協点が取り敢えず図られた格好となっているが、恐らく両者には相当の議論が繰り返されたことは容易に想像できる。

この両者の鬩ぎ合いの意味は、一つには自衛隊統合幕僚監部が統合運用の主導権をあくまで確保し、現在進めている三自衛隊個別の統合運用システムを事実上の一元化する方向で内部調整を進めて行きたいと考えていることである。

それを自衛隊出身者である中谷議員らが、ある種外部的な意向を汲み取る恰好で、世論やメディア向けに、盛んに「統合作戦室」設置の意気込みを語ることに対して、制服組幹部や防衛省幹部には違和感があることであろう。その違和感のようなものが、先に引用した「新防衛大綱」に滲み出ているということだ。

ここまで書くと、統合幕僚監部主導の統合運用ではなく、「文民」である国防族とされる国会議員が官邸の意向を受けてとは言え、「文民主導型統合運用システム」の構築を図ることは文民統制の観点から言っても合理的ではないか、と判断されるかも知れない。たとえ名称に「作戦」の用語が使われたとしても

しかし、これには重大な危険極まりない深刻な問題がいくつか含まれている。

一つには、それが中谷議員らの狙いかも知れないが、「作戦」という用語が定着していくことだ。明らかに軍事用語である「作戦」は、日本国憲法第九条の主旨と相反するものであることは論を待たない。自衛隊組織は、現時点で極めて慎重に構えており、統合幕僚監部には事実上の部隊運用を司る部署名として、「防衛部防衛課」の名称を用いている。事実上の軍艦を護衛艦と呼ぶに近い最低限の配慮が政治的判断からも施されているのと同様にだ。

その政治的判断をも放棄してしまおうという正面突破に近い強面の姿勢が読み取れることだ。改憲先取りとも言える方針を、改憲論者の集団でもある国防族議員が率先しているのである。

3　外圧を利用する自衛隊

創設の背景に「第四次アーミテージ報告」か

二〇一八年一〇月三日、現在の安倍政権を含めて、歴代自民党政権に圧倒的な影響力を保持し

ているとされる、いわゆるジャパンハンドラーのメンバーが集まるアメリカ国際戦略問題研究所（CSIS）作成の「二一世紀における日米同盟の再構築」（More Important than Ever-Renewing the U.S.-Japan Alliance for the 21Century）が公表された。通称「アーミテージ報告」と言われるものである。日本の外交防衛の見取り図を示す報告書として重要な文書であることは間違いなく、早速にいくつかの評価分析がネット上を含め議論が広がっている。

第四次報告書だが、従来の内容から一貫していることは、相変わらず日本の防衛努力の要請だ。換言すれば、日米同盟の一層の強化・深化と防衛負担の増大を求めたものであり、これを履行するための法整備の充実と実体化である。その因果関係は明白でないとしても、安倍政権を含め、歴代自民党政権は、その内容に極めて忠実に従ってきた現実は隠しようもない。

これを日米同盟絶対論者からすれば「好ましい日米関係の象徴」と位置づけ、一方では、余りにも過剰な対米従属・対米隷属ぶりにブレーキをかけ、この異常な日米関係を合理的かつ平等的な関係構築に転換すべきだとする議論が真っ向から対立する。恐らく国民を二分する防衛外交方針の一方の司令塔的な存在が、この報告書であった。

今回の打ち出しの背景にアメリカの意向がある。ジャパンハンドラーと呼ばれるリチャード・アーミテージ元米国務副長官（アーミテージ・インターナショナル代表）、ヘンリー・キッシンジャー（アメリカ元国務長官）、ジョン・ハムレ（アメリカ戦略国際問題研究所〈CSIS〉所長）、ジョセフ・ナイ（ハーバード大学ケネディ・スクール教授）、マイケル・グリーン（CSIS上級副所長（アジア）兼日本部長）、アーロン・フリードバーグ（プリンストン大学教授）等の、言わば知日派とも言えるメンバーで、一般的には日本の自民党政権中枢と深いコネクションを形成しているとされる集団である。

　ただ、このメンバーが一枚岩的な結びつきにはない状況であることも良く知られている通りだ。日本にも馴染み深いアーミテージなどは、基本的には相変わらず安倍政権とは一定の繋がりを崩してはいないが、この集団を束ねる存在のキッシンジャーは、安倍政権には距離を置いているとされる。

　従って、「アーミテージ報告」を読み解く場合には、そのことも念頭に置く必要があろう。

　つまり、この集団が日本の外交防衛のみならず内政にまで多大の影響力を持ち、安倍政権の政権運営を左右するほどの絶大な威力を持っている、という評価にはいくつもの留保をつける必要があるということである。そのうえで、中谷議員らが急ぐ「統合作戦室」設置構想の出所が、この「アーミテージ」報告に盛り込まれた「自衛隊の統合司令部の創設」なる内容からだと考えられているからである。中谷議員らは、この報告書が提出される前から、これら日米同盟強化論者であるキッシンジャー率いるジャパンハンドラーの意向を先取りする恰好で盛んにアドバルーンを挙げていたということだ。

　それで今回の「統合作戦室」との関連だけ触れておけば、ここで言う日米同盟強化の具体化・実践化の一環として、報告書は、①日米による基地共同運用、②共同作戦計画の策定、③防衛装備品の共同開発と並んで、④自衛隊の統合司令部の創設を提言していることから、この四項目が今回日本政府に新たに突き付けられた課題ということになる。

この四項目は全てが新しい提言、つまりは要求事項ではなく、既に日米合同委員会を中心に協議が進められてきた内容である。但し、日米合同委員会での協議内容は公表されないので、日本のメディアや国民は、こうしたアメリカのシンクタンクが公表する内容から読み取るしかないのが現実である。

先の中谷議員などは、日米合同委員会での協議内容を踏まえて「統合作戦室」の呼び名で、報告書にある特に「自衛隊の統合司令部の創設」への地均《じなら》し、メディアや国民への認知を求めているのであろう。

自衛隊統合幕僚監部の不満

統合幕僚会議を改編して創設された統合幕僚監部は、アメリカの意向を受けた格好で「統合運用」をキーワードとして、三自衛隊の一元的運用機能の充実を図りつつある。そこには報告書で示された「統合司令部創設」も射程に据えての動きを起こしていることは間違いなく、報告書と軌を一つにしていると思いがちだが、事情はそう簡単ではないようだ。

第一に、三自衛隊の一元的指揮統制は、統合幕僚監部としても懸案の課題だが、先述した通り、陸上総隊創設をめぐっても陸自内で一悶着あったように、内部調整は容易ではない。それをいくら強い影響力を持つ報告書だとは言え、直ちに対応する内部事情にはないことだ。

それをいくら自衛隊OBだからと言って、中谷議員が率先して旗を振ることに少なからず困惑しているのが実情であろう。統合幕僚監部としては、日米合同委員会を拠点にしつつ、日米間の擦り合わせを丁寧に進めていきたいのが本音ではないか。

　安倍政権の位置も不安定である。自衛隊制服組にとっては、河野克俊《かわのかつとし》統合幕僚長が、どれほど安倍首相個人と親しいからと言って、組織運営の最高責任者の立場からすれば政局絡みの統合運用システムの構築方針を左右されたくないと考えているはずである。

　つまり、制服組にとっては、安倍政権もアメリカからの外圧も、追い風として利用しはするけれども、自らの方針の絶対的規定要因としてはみなしていないのであろう。その河野克俊統合幕僚長も三年の定年延長を経て、漸く今年（二〇一九年）の四月一日付けで、山崎幸二《やまざきこうじ》陸幕長にそのポストを譲ることになった。

　第二に、「新防衛大綱」は、従来に増して自衛隊組織運営の課題が満載である。凝縮すれば、現在の巨額の防衛費を計上しているとは言え、アメリカの膨大な武器輸入や米軍基地の増設管理修復などの諸経費が膨らみ、加えて人件費不足も手伝ってか自衛隊の内外で人材の維持確保と募集が厳しい状態に追い込まれていることだ。現在日本経済の最大のネックは労働力不足・人材不足だが、この問題は自衛隊という二四万人の自衛官を抱える自衛隊でも深刻な課題となっている。制服組は、いくら国会議員らが「統合作戦室」の創設と勇ましいことを提言しても、それを担保する恒久的な予算と人材に陰りがあってはならないと考えているからである。

　第三には、そもそも報告書を公表したジャパンハンドラーや、一時は日本のメディアなどから持ち上げられた感のあったメンバーと、トランプ大統領との関係がどうなっているか、やや懐疑的になっているのかもしれない。

トランプ大統領はワシントンの政治外交エリートたちと一線を画すことで自らの政権基盤を形成してきており、その限りではジャパンハンドラーたちとの直接の関係性は希薄である。ただ、トランプ大統領の対日姿勢については、一層の防衛分担を強いており、その一環としてイージス・アショアに象徴される高額な武器購入を迫り実現させてはいるが、日米対等な同盟関係の強化には殆ど関心を抱いていない。

報告書は、その間隙を縫うようにして日本の事実上の軍事負担を強いる格好となっている。自衛隊制服組が親米派で固められているのは大方間違いないだろうが、それでも自衛隊制服組のなかには、自主国防派と呼んで良いような、行き過ぎた対米従属組織ではなく、ある程度自立した武装組織としてのプライドを堅持したいと考えている高級幹部も少なくないと想像できる。親米派と自主国防派は、正面から矛盾するものではないが、自衛隊がアメリカからの外圧によって組織の権能を肥大化させてきた反面で、そうした自衛隊の現状にある種の危機感なり不満感なりを膨らませている現状もあろう。

今回、アメリカとの本格的な共同作戦を展開するために必要とされる三自衛隊の一元的指揮機能を担保するという「統合作戦室」創設構想は、それ自体が「作戦」の名称を堂々と掲げていることと一つとっても、憲法違反の構想であり、アメリカ軍によって〝雇兵化〟させられようとしている自衛隊のこれからにとっても、危険極まりない構想である。表現や創設への日程など自衛隊・防衛省とアメリカの意向を組んだ自民党国防族の温度差が随分と目立った「統合作戦室」創設構想をめぐる静かな鬩ぎ合いが暫く続くだろう。

第一章　自衛隊の独走はいつから始まったか

1　脅威の増大を口実にして

自衛隊組織・装備強化の背景

前章で最近における自衛隊の変容ぶりの一端を追ったが、それをソフト面の変容とすれば、ハード面の変容ぶりも顕著である。

つまり、〝軍拡〟に歯止めがかからなくなっているのである。「東アジアの安全保障が変わった」「新たな危機の段階にはいった」とする認識を繰り返す安倍自公政権が、その自衛隊組織・装備の強化に拍車をかけている。その理由に中国の軍拡や北朝鮮のミサイル発射実験などが決まって挙げられる。自衛隊の〝軍拡〟は、対中国・北朝鮮の脅威への対応措置だという。

確かに中国は現在ではアメリカに次ぐ軍事費を計上し、海洋進出も活発化している。また、北朝鮮の弾道ミサイルの射程がすでにアメリカ本土まで届きそうな勢いだとされる。

ここでは三つの課題が検討されるべきであろう。

第一に中国の軍拡が日本やアメリカへの侵攻を前提にしたものなのか、北朝鮮のミサイルが日本や日本の米軍基地・施設を目標としたものなのか、という軍事的なレベル問題を、直接日本への軍事的脅威と捉えて良いのか。

第二に戦前の日本の軍拡の歴史に示されたように仮想敵国を常に想定し、それへの対抗手段として相手に匹敵する軍事力を整備する、いわゆる所用兵力論の落とし穴にはまり込んでしまっていないのか。

第三に安倍自公政権が推進役だとしても、今日における自衛隊幹部に顕在化している自衛隊の役割拡大を志向することに文民統制との絡みで問題はないのか。

本章ではこのうち、特に第三の課題に関連し、自衛隊が主導する軍拡及び防衛機構の強化の現状と、そこに孕まれた文民統制の形骸化の問題を中心に論じておきたい。そうは言っても、以上の三つの課題は相互に深く関連しているので、先に他の二つの課題についても簡単に要約しておく。

第一の中国と北朝鮮の軍事的脅威をどのように捉えるかである。中国の量的拡大の実態は明らかであり、いわゆる海洋進出ぶりは、日本国民に中国の脅威が浸透していることも事実である。恐らく〝軍事大国〟中国の出現とその振る舞いに深刻な危機感と怒りを抱いている日本国民が大半であろう。

私は、一九八六年の八月から九月にかけ、軍事問題研究会（一九七五年設立）の一員として初めて訪中した折、二週間ほど中国各地を回り、北京の頤和園に近接する開校直後の国防大学への訪問を含め、多くの政府・軍事関係者と議論を交わした。その後も毎年のように訪中するなかで、中国の軍事戦略の基本原理が何処にあるのか検討してきた一人である。結論を先に言えば、中国の軍拡は二つの要因を背景としていることだ。

一つは、中国共産党が一四億人に達する中国人にとって正統性を得ていくために、中国が近代以降に被ってきた外国からの侵略を防ぎ切る力を蓄えることが不可欠であったことだ。多くの中国人にとって、日清戦争以降、連綿と続く被侵略の歴史を繰り返さないための最大の手段として、軍事力に依存する体質を身に着けてしまったことである。そのためには防衛ラインを国内ではなく、領土と遠く離れた海洋に設定することであった。それが〝九段《きゅうだん》ライン〟と呼ばれる海洋における防衛ラインの設定である。

かつて古代中国は北方民族の侵攻を防ぐために営々と万里の長城を築き上げてきた。その意味で言えば、九段ラインを私は〝海に築かれた万里の長城〟と考えている。勿論、主権不在の海洋の岩礁をコンクリートで打ち固め、固有の領土と言い放ち、防衛ラインと自称して軍事防波堤なるものの建設を強行することは、周辺諸国との軋轢や不信を醸成するばかりであり、それが現在重大な問題となっている。

日本でも同様に岩礁にコンクリートを注入し、沖の鳥島と命名し、日本の最南端の島として領土化している事例も少なくない。だが、軍事基地化となれば物騒には違いない。

特に日本政府や多くのメディアは、このラインを中国の言う防衛ラインではなく、攻撃のための軍事ラインとする受け止めを敢えてし、中国脅威論を盛んに喧伝する。見方によって防衛ラインが攻撃ラインと受け止められてしまうことは仕方ないかもしれないが、中国政府は勿論侵攻を目的とする攻撃ラインとは考えていない。

それは中国の軍事戦略である「Ａ２／ＡＤ戦略」（Anti-Access/Area Denial, 接近阻止・接近拒否戦略）を読み解けば了解できよう。九段ラインの国際海洋法との絡みでの合法性について疑問は残るものの、この戦略はそのラインの内側に中国にとっての軍事的脅威の侵攻を阻止・拒否するというものである。

勿論、この内側のエリア自体が中国の自由な支配権の行使を主張しているので、当然ながら反論もあるであろう。ただ、明確なことは、中国はこのラインの外側に大きく食み出して日本を含めた周辺諸国への侵攻計画を保有している訳ではない。また、それだけの広域作戦を展開できる軍装備も欠いているのが現状である。そこで重要なのは、この海域を平和の海とすべく、中国の真意を読み解きつつ、外交交渉によって共同管理海域化していくための知恵である。過剰な軍事脅威を煽ることよりも、先ずは防衛ラインとして認知し、次いでこの海域の経済有効水域として独占化ではなく、関係各国による共同化が必要であろう。

二つ目には、中国で非常に有力な政治力を発揮している軍需産業界の台頭である。ならば、巨大なＩＣＢＭやいくら旧式とはいえ航空母艦を保有するのは、先ほど述べた意味での「軍事大国中国」ぶりを中国の内外に鮮明にしたいこと、そして現在中国には船舶工業集団（ＣＳＳＣ）や中国航空工業集団（ＡＶＩＣ）、中国航天科工集団などなど、米ロッキード・マーチン（ＬＭＴＮ）や米ノースロップ・グラマン（ＮＯＣＮ）、英ＢＡＥＡＥシステムズ（ＢＡＥＳＬ）に匹敵する規模の軍需企業が、アメリカやロシア、フランス、イギリスなどと同様に軍産複合体を形成し、政府との深い関係を築いていることである。セングハースの言う「軍拡の利益構造」が、中国でも政府の軍事外交政策に深くコミットしているのである。

この二つに加えて、さらに追加しておけば台湾問題と中国国内事情がある。すなわち、中国は「二つの中国」ではなく、「一つの中国」を貫徹しようとし、台湾との統一をあくまで志向している。それが武力による統一か、それとも穏健な形での統一かは、中国の判断に掛かっている。

もちろん、武力統一の選択は、アジア地域の安全保障にとって極めて深刻な問題である。中国としては、いずれの道を選択するとしても、台湾及び日本近海に軍事プレゼンスを確保しておくことを前提として考えているのである。いわゆる中国の海洋進出とは、軍事的に表現すれば、これら海域の制海権を確保しておきたいのである。中国の軍拡の中身を見るとそのことが明らかである。

もう一つは近年、中国国内で発生件数が増大している「群体性事件」と総称される国内暴動や騒乱の発生である。中国には人民解放軍だけでなく、人民武装警察という実力部隊を抱えているが、中国共産党の権威と支配を担保する物理的装置として、この二つが年々重要度を増しているのが現状である。後者については、阿南友亮『中国はなぜ軍拡を続けるのか』（新潮社、二〇一八年刊）が詳しい。

以上のように、中国の軍拡理由は実に多義にわたっているが、日本やアメリカとの戦争を意図しているのではない。このことをしっかりと見極めたうえで中国の軍拡と向き合うことである。大事なことは、ゆめゆめ中国の軍拡を自衛隊の軍拡や日米同盟の強化の口実とさせてはならないことだ。これらが中国に軍拡を続ける理由に付加されないために、何よりも自衛隊の軍縮と日米安保を日米友好平和条約に切り替え、段階的にであれ在日米軍の撤退への環境を創り出していくことだ。

こうしたことは、北朝鮮問題にも通底する。北朝鮮はよく知られているように、「核武装強化と経済建設」を同時に進めていく「並進路線」を採用している。この二つを同時に進めていくことは通常は相当の困難性を伴う。軍需が民需を圧迫し、希少な資源や人材、技術が軍拡に転用されれば経済建設の足枷となる。

だが、北朝鮮の現状は急ピッチに核武装強化のためのミサイル発射実験を繰り返してきた一方で、表向き経済発展も堅調であった。そこにかつての韓国の「開発独裁」と呼称された政治システムが起動しており、矛盾の集積は後方に追いやられている。可視化された実績を上げることで北朝鮮の体制は堅持されている。そこでも「先軍領導政策」により軍事強国としての体裁を整えることが、国民統治の常套手段とされる。

そうした北朝鮮の政策から言えば、北朝鮮がアメリカの軍事圧力や恫喝を受け続けることで一層の軍事強国化を果たしたとしても、自ら日本を含めた周辺諸国に侵攻する理由は軍事的にも政治的にも皆無である。恐らく、北朝鮮への経済制裁、米韓合同軍事演習が続行する限り、「先軍領導政策」は強化される一方である。そこではアメリカも日本も、そして北朝鮮も極めて硬直した外交路線のなかで袋小路に入ってしまい、それが軍事的緊張となって可視化される。

そのような状態は日本や北朝鮮にとっても、そして軍事大国であるアメリカや中国、ロシアにとっても決して好ましいことではない。持続する軍事的緊張を意味する、いわゆるチキンゲームの呪縛から相互に同時的に解放されるためにも、ここは日本が主体的な外交力を発揮し、その硬直した状況を打開するために率先した役割を担うべきだ。

こうした中国や北朝鮮の現状がありながら、しかしアメリカや日本は北朝鮮への攻撃的姿勢を崩そうとしない。それればかりか、二〇一七年四月のアメリカ軍によるシリアへの巡航ミサイル攻撃と同様の軍事攻撃を仕掛ける危険性すら否定できない。安倍首相もアメリカのシリア攻撃にほとんど条件反射的支持表明を出した。化学兵器の使用は断じて許されるものではないが、先ずは国連による調査を優先し、平和的な貢献の方途を模索し、またアメリカにもそう進言するのが本当の同盟国の役割であろう。日米関係が対等な関係を前提としているならば、アメリカのイエスマンとなって良いわけがない。

安倍首相はトランプ米国大統領のシリア空爆に対し、全面支持を出したが、同様にアメリカが北朝鮮に攻撃を仕掛けた場合、北朝鮮の反撃を文字通り至近距離で受けるのは韓国であり日本である。遠く離れたアメリカ本土は、ある意味では安全な距離にある。

そのことを充分に勘案・検討しないで条件反射的に支持声明を出すことは、日本の安全を危機に陥れる判断であろう。かつて中曽根首相が日本は「浮沈空母」となってアメリカの対ソ連措置に同調していくと追随した時と本質は一緒である。強面の外交が結局は戦争という大きな悲劇を呼び込んでしまった歴史をも教訓とすべきであろう。

ここで大切なことは、日本はひたすらアメリカの軍事外交路線に便乗するのではなく、日本の主体的かつ平和的な防衛・外交政策を編み出すことだ。

安倍首相は、ひたすらアメリカのトランプ政権に阿《おもね》るばかりである。日本の安全保障のためにも、朝鮮半島の平和は絶対要件である。日本の立ち位置からして、東北アジアの緊張を解《ほぐ》す役割が求められていることを、何故自覚できないのであろうか。

こうした状況のなかで、今年（二〇一九年）六月三〇日、トランプ大統領と金正恩労働党委員長（二〇一九年四月から国家元首）との間でシンガポール、ハノイに続き三回目となる首脳会談が板門店《パンモンジャム》で開催された。当面は紆余曲折が予測されるものの、米朝交渉の道筋は付けられたことは間違いない。安直な楽観論は許されないとしても、休戦状態にある朝鮮半島の情勢は緩和化の方向に進むことは確実であり、そうした状況を踏まえて日本が過去における植民地責任の清算なども含め、積極的な外交を展開することで朝鮮半島の非核化と平和統一に資する平和戦略の構築が求められているはずである。

自衛隊の現状と問題点

さて、もう一つの課題である自衛隊への文民統制は果たして機能しているのかという問題に移ろう。

自衛隊は近年、専守防衛の基本方針から大きく逸脱した行動が目立つ。

それが政権の手によって行われる防衛政策の一環としてあることは言うまでもないが、同時に多くの場合、自衛隊制服組の暴走と言われても仕方のない言動が、日本の防衛政策自体を引き摺っている。この背景には、安倍政権の軍事に偏重した外交防衛政策があり、日米同盟路線の強化・深化への志向が一段と強まっていることは指摘される通りである。

安倍政権の憲法改正の眼目・本丸は第九条の骨抜きであり、自衛隊を国防軍として文字通りアメリカ軍に伍する、場合によっては南スーダン派兵で示したように単独でもＰＫＯ活動に名を借りた海外派兵を自由自在に担える装備と政策を得ようとすることにある。それに文民ミリタリストとでも呼んでもよいような安倍首相と自衛隊制服組トップであった河野克俊前統幕議長との関係も手伝って、自衛隊制服組の暴走が実体化している。

それでは自衛隊の出番を多くしている要因は何か。

既述の如く、中国や北朝鮮の脅威、テロ対策などの課題に軍事的に対応しようとすれば自衛隊への役割期待が政府内は勿論、国民の側からも出てきても不思議ではない。既述の如く、中国や北朝鮮の脅威は実体としてではなく、その本当の狙いや軍事戦略を充分に読み解こうとしないことからくる、ある意味では作為された脅威である。言うならば、〝虚妄としての脅威〟を現実の脅威として認定し、自らの役割期待を背負うとしているのが、自衛隊制服組のいわばタカ派の高級幹部たちである。

ここで忘れてならないのは、日本の安全保障の基本を何処に据え置くかという原則である。それは二度と海外に戦闘部隊を出さず、外国からの侵攻には全力を挙げて水際で対処する、いわゆる専守防衛の鉄則を一歩でも譲ってはならないことである。ところが現在、侵攻を受ける前に日本侵攻の可能性のある外国基地施設への先制攻撃により本土防衛を事前に実行する、私が敢えて〝先制攻撃防衛論〟と呼ぶ危ない防衛政策が採用されている。

そうした火遊び的な議論が自民党内から検討されているのだ。既に安保関連法にある武力攻撃対処方針にも先制攻撃を担保する条文が含まれてもいる。純軍事的な知見に立てば、相手方への先制攻撃による脅威の削除は、一見合理的な判断であろう。

しかし、それは当然ながら軍事主義に貫徹された外交防衛方針の採用を不可避とするものだ。

現在、安倍政権が繰り返す、所謂抑止論には、この先制攻撃の可能性を現実化する志向性が際立っている。いわゆる懲罰的抑止論である。ただ、軍事プレゼンスで軍事力の威嚇による抑止ではなく、ちょうど米韓合同軍事演習がそうであるように、いつでも侵攻の可能性を現実化しうる演習も一種の抑止、それも懲罰的抑止に近いものだ。

先に触れた事だが、二〇一七年四月七日、トランプ大領がシリア空軍基地を巡航ミサイル「トマホーク」五九発で攻撃、さらに同年四月一四日には、アフガニスタンへの通常の爆弾兵器のなかで最も強力な威力を発揮するとされる大規模爆風爆弾兵器「GBU-43B爆弾」（通称、MOAB=Massive Ordnance Air Blast bomb）の投下など、アメリカは対テロ戦争の徹底を標榜しつつ、同時的に北朝鮮への軍事的恫喝を意図しているとみられる。

こうしたトランプ米政権の軍事的冒険主義に没主体的に対応しているのが安倍政権の外交防衛政策である。そうした一連の流れは、二〇一九年七月中旬の時点でも、対イラン攻撃の可能性を示唆しる格好で受け継がれている。

先のシリアがISの支配地域で化学兵器を搭載した爆弾を投下した可能性は、厳密な調査が必要である。テレビ報道を見る限り、化学兵器による症状を窺い知れるが、化学兵器使用が国際法違反ならば、アメリカがシリアから直接侵略されていないにも拘わらず、シリアの主権を犯して空爆することも国際法違反である。

こうした無秩序が横行する時に必要なことは国連など国際機関の徹底した公平な立場からする査察であろう。それを待たずしてアメリカの独走は到底許されるものではない。そうした行為に日本がアメリカの同盟国であるならば率先して、その不法行為を批判し、公正な立場から平和外交の徹底による事態解決に貢献すべきであろう。それがまた日本の使命と自覚すべきである。

2　大手を振るう自衛隊の体質

前面にでようとする自衛隊

自衛隊は防衛外交政策の前面に出ようとしている。

勿論、自衛隊最高指揮官の安倍首相の「指示」あるいは、旧陸海軍がそうであったように最高指揮官の意を汲んで率先して自らの役割に従い動いているのか。いずれにせよ自衛隊制服組の独走ぶりが顕著である。その背景には、幾つかの原因がある。

第一には、従来からするアメリカの同盟国分担体制に従って、自衛隊制服組のなかには、専守防衛に専念する従来型の自衛隊ではなく、世界最強の軍隊であるアメリカ軍との共同作戦を遂行するに足りる、文字通り世界に通用する軍事組織としての内実を固めたいとする強い志向が存在することである。

その強い志向性は、自民党国防族を含め、多くの文民政治家が認めるところである。勿論、そこではあくまで日米共同体制の構築という枠組みから食《は》み出し、自立型の自衛隊にはブレーキをかけるべきだとする考えもあるものの、現状の自衛隊にはその枠内で、まだまだ一定の伸びしろがあるとする共通観念が存在する。そのなかで自衛隊自身が従来型の自衛隊の殻を破り、応分の能力と責任を果たすことがアメリカからも認知される可能性が、文字通り同盟国分担体制論の理由付けとされる。

　近年ではこれに拍車がかかる実態がある。

　それはアメリカの軍事戦略の転換が進められようとしていることに起因する。例えば、アメリカはすでにトランプ政権が誕生する以前から「沖合均衡戦略」(Offshore Rebalancing)の打ち出しを検討していた。それは平時においては、アメリカ軍は可能な限りアジア地域から後退する。文字通り「沖合」(Offshore)に後退しておき、有事にのみ紛争地域に出動展開するという戦略だ。

　平時から紛争想定地域へのアメリカの軍事力の展開はアメリカが紛争に巻き込まれ、想定外の戦争に加担せざるを得ない。従って平時においては、アジア地域における日本自衛隊と韓国国防軍にアメリカ軍の〝代替軍〟としての役割を担当させようとするものだ。

　二〇一七年四月、朝鮮半島が戦争の危機に見舞われた折、北朝鮮に近い海域に原子力空母カールビンソンを中心とする機動部隊を展開し、侵攻姿勢を示す作戦も、いわゆる沖合均衡戦略と絡めて捉えることも可能ではないか。主力はアメリカ軍としても、海自の艦艇も演習を名目に共同行動を採っていた。汎用護衛艦「あしがら」と「さみだれ」である。このようなアメリカ軍の戦略の転換からも自衛隊の役割期待が同盟国アメリカからも要請されているのである。それが自衛隊を勢いづかせてもいる。

　第二に、そうしたアメリカの要請と認知を恰好の動機づけとして、自衛隊は近年において急ピッチで組織の改編を進めている。事例は数多く指摘可能だが、このうち二〇一五年に実行された防衛省設置法第一二条の改編は、極めて衝撃的な改正であった。

それは要約して言えば、制服組（武官）と背広組（文官）との権限の平等化を図ったものである。実は日本の文民統制は事実上は文官である防衛官僚（背広組）が武官である自衛隊制服組を直接には統制する意味で、文民統制の実態は、正確には文官統制であった。それだけ防衛官僚を通して自衛隊制服組を統制するシステムが日本の文民統制（シビリアンコントロール）の特徴とも言えた。

しかしながら、防衛省設置法第一二条の改正以後、文官と武官との上下関係が事実上解消され、対等性が担保されることになったのである。

文字通り、文民統制に大きな風穴が開けられたに等しい改正であり、私は戦前の軍事組織に絡めて言えば、陸軍大臣と対等な参謀総長が出現したと受け止めた。自衛隊制服組のトップの統幕議長が戦前の参謀総長に相当すると言い換えても良い。

この防衛省設置法の改正は、長年にわたる自衛隊制服組と防衛官僚との確執を背景としたものだ。自衛隊制服組に肩入れする石破茂防衛庁長官（当時）以来、現在の安倍首相に至るまで歴代の防衛庁長官（現在、防衛大臣）が自衛隊拡充と権限強化に奔走し、それに自衛隊制服組が便乗して今日の実態となっている。

正面装備の拡充は可視化されるものだが、こうした組織や制度の改編は、いわば不可視の問題であり、事態の進捗を捉えることは容易でない。つまり、軍事関連情報ということで防衛省や自衛隊は本来国民に情報開示すべき内容も自在に隠蔽することが可能となる。換言すれば、情報統制すら恣意的に可能となる制度改編とみなすことができよう。

具体的な事態として、少し記憶が薄れ気味となっているが南スーダンPKO日報問題がある。この問題の本質は表向き、稲田朋美防衛大臣（当時）の自衛隊統制管理の不充分性と国会での答弁内容からする防衛大臣としての理解力・説明力不足からする資質の問題として焦点化した。それも勿論間違いないことだが、事の本質は一大臣の問題ではなく、自衛隊組織の隠蔽体質と文民大臣への姿勢にこそある。そうした問題が、今後継続して発生しかねない構造的な制度改編である。

私もいくつかのコメントを求められたが、そこで繰り返し指摘したことは、不都合なことは防衛官僚や防衛大臣には秘匿しても構わないとする傲慢な姿勢を採ってしまう自衛隊の組織体質が出来上がっていることである。

防衛監察制度により防衛監察官が秘匿した経緯を調査する、ということで事件の本質には全く肉薄されないまま事実上沙汰止《さたや》みとも言える形で幕が下ろされてしまった。防衛監察官は自衛隊が購入する物品が規則通りに購入されているかをチェックする組織内に設置された内部監察制度である。それが自衛隊の隠蔽体質を告発できる訳がない。

つまり、今回は事日本の防衛外交に直結する重大な政治問題であり、いわば内部監察では事実が十分に明らかにされることはないであろう。必要なのは、自衛隊の外部者からなる監査システムを立ち上げることだ。

安倍首相の言う「東アジアの安全保障環境の変化」の根拠とは、中国の軍拡や北朝鮮の核兵器開発あるいはミサイル発射実験に求める。それを先述したように、日本侵攻の脅威として認定するのは無理があるとしても、日本周辺諸国の軍事的脅威として受け止める国民が多数存在していることも事実である。

ただ、問題はそのような、作為された脅威に自衛隊の軍拡や日米同盟強化で対応することの問題性だ。軍拡には軍拡で対応すれば文字通り軍拡の連鎖を構造化するだけである。また、軍事主義に奔走することは現在の危機を深めこそすれ、決して軽減するものではない。

ここで軍事が外交の幅を狭める一例を挙げておく。二〇一六年一二月一五日、山口県長門市で日露首脳会談が開かれた。その折り、プーチン大統領は、北方領土の返還を阻害するものとして日米安保の存在に言及した。返還に応じた場合、そこに米軍や自衛隊の軍事基地が置かれた場合、極東ロシアは脅威を甘受することになる。また、極東ロシア軍の自在な展開にも制約がかかると。

安倍首相が北方領土返還交渉に本気であれば、日米安保や日米同盟の見直しを検討すべきであろう。つまり、軍事問題への切り込みなくして、領土問題も解決しないことがクリアにされた会談であった。

対中国・対北朝鮮との外交交渉においても、日本の選択している軍事主義への偏向を自制する度量と展望を示していくことが、本当の意味での日本の安全保障政策ではないか。

残念ながら安倍自公政権の採る安全保障政策は、日本の安全を損《そこ》ない、いつまでも脅威から解放されない手法である。逆に虚妄の脅威を政治恫喝の材料として恣意的に用いて国民を愚弄する政治手法ではないか。

それでも、多くの日本国民には安倍首相の強面外交や日米同盟強化路線への支持が少なくないことも確かだ。それゆえに、繰り返し安倍首相の安全保障政策の危険性を説明し、具体的な対案を示すことが必要であろう。

3　防衛大臣・統幕議長の職責とは何か

余りにも酷い無理解ぶり

防衛大臣の職責は頗る大きい。
そのことは今に始まったことではないが、昨今一段と重要度を増してきた日本防衛の担当者として、その役割と責任が今一度見直されてしかるべき時だ。何が期待されるのか、その役割と責任の所在は何処にあるのか、以下、三点に絞り論じておきたい。

第一は、シビリアン・コントロール（文民統制）の意味と役割とを充分に理解した大臣であって欲しいことだ。日本固有の問題に絡むが、日本国憲法の下で、本来自衛隊という武装組織は不在であるはずだった。憲法は日本の自衛権は否定していないものの、武装自衛権ではなく、非武装自衛権を謳っている。従って程度は度外視しても、武装力を保持することは本来許されない。

しかし、必要最低限度の防衛力は、その限りではないとの強引な解釈づけにより、法律で自衛隊が認められている。今日まで自衛隊の位置づけをめぐり、憲法改正論議が繰り返されてきた理由がここにある。

ただその自衛隊は、専守防衛の名の下で、日本の安全保障を物理的に担保する存在として、一方では度重なる災害支援の実績から、常に国民の七割前後が肯定的に評価してきた。それでも強大な武装組織である自衛隊組織が、国内政治への圧力組織とならず、国是である民主主義と共存していくために文民統制が案出された。そして、この文民統制の原則を充分に理解した文民（憲法第六六条）が防衛大臣の職責を担うことになっている。

ところが昨今の防衛大臣には、その理解が余りにも不足している。例えば、二〇一一年九月二日、防衛大臣の認証式前、記者団に「安全保障に関しては素人だが、これが本当のシビリアンコントロール（文民統制）だ」と述べ、シビリアン・コントロールへの無知を晒した一川《いちかわ》保夫《やすお》議員（当時、民主党）。そして、武力行使と武器使用の違いについて意味不明な言葉を発し続け、最後は選挙に自衛隊・防衛省の名前を出して投票行動を呼びかけた稲田朋美防衛大臣（当時）など。防衛大臣が民主主義社会のなかで実力組織をどう統制して有用な組織としていくために案出されたシビリアン・コントロールへの無理解が、どれほど国民の間に大きな不安感を与えたか教訓とすべきだ。

第二に、自衛隊の出自を踏まえつつ、確りとした責任意識と世界でも屈指の実力組織となった自衛隊と、庁から省に格上げされた防衛省を統率する責務の大きさ自覚した大臣であって欲しいことだ。

少々古い事例だが、かつて一九六〇年の安保闘争の折、岸信介《きししんすけ》首相がデモ隊規制のために自衛隊の出動（治安出動）を赤城宗徳《あかぎむねのり》防衛庁長官に要請した。赤城長官は、まだ自衛隊への国民の認知は不充分であり、その自衛隊が万が一デモ隊に発砲し、死傷者を出そうものなら、自衛隊批判が一気に高まり、自衛隊の存続が危ぶまれる、と逆に岸首相の説き伏せ、出動には至らなかったことがある。

防衛大臣たるもの武装組織を統制する責任を直接に負っている以上、自衛隊と国民との関係について、十二分に留意しなければならならない。この時、仮に岸首相の要請を受け入れ、自衛隊がデモ規制に出動（治安出動）し、双方に死傷者を出す事態となっていれば、今日、自衛隊への目線は大きく歪められたであろうことは間違いない。

ここでの問題は、自衛隊の国内出動パターンのうち、災害出動と警備出動は別としても、この治安出動が存続している間は、自衛隊が自国民に銃口を向ける可能性を排除できないことだ。自衛隊の前身である警察予備隊が、文字通り警察軍的な組織として創設された経緯もあり、治安出動は自衛隊の一面の役割を示すものである。

そうした実力組織としての危険性を熟知していた赤城長官の要請拒否の姿勢から、防衛大臣は治安出動に限らず、自衛隊使用の判断については毅然とした姿勢を貫いて欲しいものだ。実に赤城長官は国民の生命だけでなく、自衛隊組織をも護ったのであり、その見識と勇気は長く記憶されて良い。

第三に、特に自衛隊制服組への統制力を発揮できる大臣であった欲しいことだ。自衛隊制服組自体が非常に政治的な発言に躊躇しなくなった現状を踏まえるならば、防衛大臣の制服組統制力の重要性は一段と高まっている。例えば、国家安全保障会議が創設されているが、そこにおいて最高指揮官である首相や防衛官僚が不参加の場合も決して少なくない。

つまり、同会議は公式に制服組が最高指揮官に助言をなし、防衛政策の方向性を明示する場となっている。そうした流れのなかで、背広組に替わって制服組が国会の場で答弁に立つことも、近い将来予測されるまでに至っている。

防衛政策の立案から実行まで、防衛官僚（背広組）との共同体制から、場合によっては制服組が先導するケースも段々と増えてくる可能性がある。

実際に河野克俊統合幕僚長（当時）は、「国会から『統幕長出てこい』ということであれば当然出て行かなきゃいけない」（『朝日新聞』二〇一七年三月七日付）と記者会見で語っている。

確信的な憲法逸脱行為

制服組の幹部が国会の場で質問に答える状況とは、制服組のトップが政府委員として委員会の場で防衛大臣の代わりに専門の立場から答弁する機会を提供されれば、その延長に憲法第六六条の文民条項に手を付けられ、防衛大臣に現職の制服組が就任する事態も想定される。それは旧軍の復活を意味する。ただ、現時点でも制服組のトップの発言として国会答弁の機会を事実上待望するような発言が飛び出すこと自体由々しき問題だ。

加えて言えば、その河野統幕議長は、在任当時の二〇一七年五月三日、安倍首相が唐突にも憲法に自衛隊を明記する安倍改憲私案を示したことに、同月二三日、東京の日本外国特派員協会で行われた記者会見で、「一自衛官として申し上げるなら、自衛隊の根拠規定が憲法に明記されることになれば非常にありがたいと思う」と公言している。

河野前議長は、「憲法は高度な政治問題なので、統幕長の立場で申し上げるのは適当ではない」と断った上で発言したが、政治には厳正中立であるべき実力組織のトップが、国民的議論が大きく分かれる憲法改正という政治問題に、明らかに偏在した見解を述べることは国家公務員の憲法順守義務（日本国憲法第九九条）の観点から、また政治的偏向を禁じている自衛隊法の第六一条（政治的行為の制限）からも大きく逸脱したものだ。

現在、自衛隊制服組のトップや高級幹部のなかには、このような政治的偏向を無頓着である場合が目立っており、むしろ確信犯的な言動を敢えてする人物も散見されるようになった。

そのような現在の自衛隊状況のなかで、直接自衛隊制服組の統制を担う防衛大臣の役割期待は極めて重い。そこでは法制化されてはいないものの、制服組の政治介入を厳しく諫め、あくまで文民による統制なくしては、戦前の轍を踏むことを歴史の教訓から常に導き出すべきであろう。またそうした姿勢を踏まえて、職務を全うする防衛大臣を望みたい。

自衛隊の政治介入という厄介な問題の可能性は現時点では決して大きくない。未遂に終わり、規模や計画性からしてもクーデターと呼べるか議論はあろうが、かつて三無事件（一九六一年）、三矢事件（一九六三年）、三島事件（一九七〇年）と呼称されるクーデター未遂事件が発覚した。なかでも三矢事件は現職の高級幹部自衛官が中心となり、第二次朝鮮戦争の勃発を想定しつつ、戦後版の国家総動員法を制定すべく国会を自衛隊が包囲するなかで強行採決しようとする計画であった。それが国会で暴露され問題化した事件である。

こうした自衛隊の軽挙妄動の可能性は小さくなったとは言え、自らの政治意図を実力行使して実現しようとした日本の昭和初期政治史を読み解くならば、常に細心の注意を怠ってならない。その意味からも、防衛大臣の監督責任は極めて重要であり、今後は防衛大臣が重要閣僚として認知されるべきであろう。

これまで防衛庁長官時代から現在の防衛大臣の時代まで、このポストが数多の閣僚のなかで財務大臣や通商産業省などと比較して軽く見られてきたことは確かだ。

勿論、例え重要ポストとは言え、派閥均衡人事や論功行賞人事、大臣待機組配慮人事など、能力や資質とは無関係な選考基準が横行してきたことも事実である。従って、防衛大臣だけに相当する訳ではないにせよ、防衛大臣は現在日本を取り巻く安全保障環境の複雑化や緊張関係の激化、自衛隊制服組の発言力強化といった、新たな課題が山積するなかで、一時の猶予も与えられない極めて重大なポストである。防衛行政の運営には防衛官僚のサポートを十二分に受けるのは当然にしても、最終的には的確な判断をなし、首相が合理的な判断を下せるような情報をあげていく責務があろう。以上が私の求める防衛大臣像である。

最後に現在において問題化している文民統制の現状から、その意義を今一度整理しておきたい。文民統制は法律用語でもなく、憲法においてもこの文字は出てこないものの、第六六条二項では、「内閣総理大臣その他の国務大臣は、文民でなければならない」と規定されている。実はそれが唯一の法的根拠である。

ただ、ここで示す文民とは文官を示し、その対極に位置する武官は国務大臣には就任できない、と解釈されている。この場合、より具体的には武官とは自衛官と解することができ、そこから武官＝制服組を統制する役割が文官に付与され、明確な上下関係を求めるものである。しかし、昨今では、防衛省設置法第一二条の改正により、この両者の関係が対等化された経緯があり、日本型文民統制である文官統制の形骸化が指摘されているところである。

それだけに、ある意味では最後の砦として、自衛隊を統制する役割期待が、最高指揮官である文官の首相と、次位の位置にあり、直接に自衛隊統制を担う防衛大臣の位置が非常に重大となってきているのである。

しかし、文官である首相や防衛大臣が、そのことを理解せず、防衛政策を進めるために、むしろ武官のサポートを頼みにする状況下にある現在にあって、必ずしも防衛問題の専門家でない防衛大臣が武官の言動や政策提言に左右される事態に立ち入っていることにも留意すべきであろう。

討論と合意を組織原理とする民主主義と、命令と服従を組織原理とする自衛隊とが、文民統制の名の下で共存させていくことが、当面の民主主義社会にとって必然とするならば、広い意味での文民を代表する防衛大臣が、この組織原理の違いを充分に認知しながら、この真逆の組織原理から派生する軋轢や矛盾を調整していくことが求められているのである。

防衛大臣には、文官である防衛官僚と一体となって、武官である自衛隊制服組や自衛隊組織を齟齬《そご》なく統率するには、何よりも民主主義の原理を理解し、政治的には公正中立であるべき組織として、自衛隊にその役割規定を順守させる責任と力量とが問われているのである。

第二章　防衛省設置法改正をめぐって

1　何が変わるのか

第一二条の変更

少し時間の経過とともに記憶が薄れ始めているかも知れない。二〇一五年二月二二日、各新聞は防衛省設置法改正案を報じた。特に注目されたのは第一二条である。同条は本来、文官である防衛大臣を補佐する背広組（文官）と制服組（武官）の役割において、文官の優位性を明確にしたものである。これは、旧日本軍において軍部が統帥権独立制度を盾にとって政治介入し、やがて軍部主導の政治体制が作られてしまったことを教訓としたものである。

より詳しく言えば、防衛大臣を直接補佐する内局の防衛次官・官房長・局長らが所掌を越えて大臣を直接補佐する参事官を兼ねる参事官制度は、いわゆる日本型文民統制であり、これを文官統制と呼んできた。この参事官制度も後述するが、二〇〇九年に廃止されている。

新聞社各社が伝えるところでは、例えば、「制服組　対等に」（『東京新聞』）、「防衛省「背広組優位」見直し」（『中日新聞』）、「防衛省「文官統制」全廃へ」（『福井新聞』）、「「文官統制」規定全廃へ」（『山口新聞』、以上二〇一五年二月二二日付）、「制服組、背広組と対等に」（『朝日新聞』二月二四日付）など、何れも文官統制が廃止される方向であると報じている。そして、同年の改正によって文官の優位性に修正が加えられることになったのである。

新聞社のなかには、こうした文官統制の見直し、ないし廃止の改正案について、肯定する記事も少なくない。例えば、『読売新聞』は「制服組と背広組　対等に」とし、やや小さなポイントで「文民統制変わらず」（二〇一五年二月二六日付）と記してもいる。

同法案の第一二条は、自衛隊と防衛大臣との間に文官の政治判断が介入できる余地を創り、自衛隊制服組の動きを抑制する役割を果たすもの。それが、今回の改正により、背広組と制服組との立場を対等に置こうとした。その結果、安全保障に関わる様々な危機対応の点で、場合によっては背広組をスキップして、制服組から直接に防衛大臣に意見具申が可能となる。

一方では、防衛大臣も背広組の意見を聴取することなく、直接に各幕僚長に部隊運用を含めて直接指示が出せることになる。防衛大臣の権限の強化とも言えるが、政治家である防衛大臣であってみれば、事実上制服組の判断に一任するケースも多くなり、制服組に対する政治統制も効かなくなることも充分にあり得る。その反面で制服組の要求や判断が独り歩きする危険性も出てこよう。それで、その条文が一体どのように変わるのか見ておこう。

どこが変わったのか

今回提出された防衛省設置法第一二条の旧法と改正案を比較してみよう。先ず、旧第一二条の内容は以下の通りである。

第一二条

官房長及び局長は、その所掌事務に関し、次の事項について防衛大臣を補佐するものとする。
一、陸上自衛隊、海上自衛隊、航空自衛隊又は統合幕僚監部に関する各般の方針及び基本的な実施計画の作成について防衛大臣の行う統合幕僚長、陸上幕僚長、海上幕僚長又は航空幕僚長（以下「幕僚長」という。）に対する指示
二、陸上自衛隊、海上自衛隊、航空自衛隊又は統合幕僚監部に関する事項に関して幕僚長の作成した方針及び基本的な実施計画について防衛大臣の行う承認
三、陸上自衛隊、海上自衛隊、航空自衛隊又は統合幕僚監部に関し防衛大臣の行う一般的監督

要するに、内局の官房長・局長（背広組）が、防衛大臣の行う幕僚長（制服組）への「指示」、「承認」、「一般的監督」に関して補佐するという仕組みである。つまり、内局の文官が、大臣が行う幕僚長に対する指示・監督などを「補佐」という形で実質的には、防衛大臣に代わって実行していたのである。

ところが、今回の改正案では、この大臣への補佐を二つに分けて、内局の文官の補佐は「政策的見地」からのものに限定し、「軍事専門的見地」からの補佐は制服である幕僚長に一元化する、と言うものである。その狙いが何処にあるかについて、防衛省大臣官房（二〇一四年三月）作成の法案改正案で、「大臣補佐機能の明確化」を次のように説明する。

すなわち、①政策的見地からの大臣補佐の対象について、幕僚長や幕僚監部に関するものに限定している現行各号のような規定とはせず、省の任務を達成するための省の所掌事務の遂行とすること、②政策的見地からの大臣補佐は、統合幕僚長、陸上幕僚長、海上幕僚長、航空幕僚長による軍事専門的見地からの大臣補佐と「相まって」行われることを明記する、③政策的見地からの大臣補佐の主体として、新設される政策庁の長たる防衛装備庁長官（仮称）を加える、である。

要約すれば、制服組幹部の防衛大臣への直接補佐による自衛隊運用の迅速性確保と軍事的視点からする行政判断の強化が図れるものと言える。以上の観点を踏まえて提案されものが以下の改正案である。

第一二条改正案

官房長及び局長並びに防衛装備長官は、統合幕僚長、陸上幕僚長、海上幕僚長及び航空幕僚長（以下「幕僚長」という。）が行う自衛隊法第九条第二項の規定による隊務に関する補佐と相まつて、第三条の任務達成のため、防衛省の所掌事務が法令に従い、かつ、適切に遂行されるよう、その所掌事務に関し防衛大臣を補佐するものとする。

見ての通り、先ず各項が削除されている。自衛隊部隊の運用に関しては、文官が介入する余地を削いだ格好となっている。これでは、自衛隊の運用や軍事知識が十分でない文民の首相や防衛大臣が、制服組の意向に沿った形で判断を下すことになってしまう恐れがある。それゆえに、そのノウハウを持つ防衛官僚（文官）が制服組より優位な位置を占めて、これを統制することが合理的であるが、その統制権限が削除されてしまったのである。

これまで自衛隊の運用についてカバーしてきた内局の運用企画局も廃止して、その役割を制服組主体の統合幕僚監部に一元化することも決定している。

その統合幕僚監部の所掌事務は以下の通りである。

第二二条（統合幕僚監部の所掌事務）

統合幕僚監部は、陸上自衛隊、海上自衛隊及び航空自衛隊について、次に掲げる事務をつかさどる。

一　統合運用による円滑な任務遂行を図る見地からの防衛及び警備に関する計画の立案に関すること。

二　行動の計画の立案に関すること。

三　前号の行動の計画に関し必要な教育訓練、編成、装備、配置、経理、調達、補給及び保健衛生並びに職員の人事及び補充の計画の立案に関すること。

四　前号に掲げるもののほか、統合運用による円滑な任務遂行を図る見地からの訓練の計画の立案に関すること。

五　前各号に掲げる事務に関し必要な隊務の能率的運営の調査及び研究に関すること。

六　所掌事務の遂行に必要な部隊等（第十九条第一項に規定する統合幕僚長及び陸上幕僚長、海上幕僚長又は航空幕僚長の監督を受ける陸上自衛隊、海上自衛隊又は航空自衛隊の部隊又は機関をいう。以下同じ。）の管理及び運営の調整に関すること。

七　所掌事務に係る防衛大臣の定めた方針又は計画の執行に関すること。

八　その他防衛大臣の命じた事項に関すること

条文を一読すれば、制服組のトップである統合幕僚長の権限の大きさが分かる。これだけの権限行使が事実上、文官の統制から外れて行使されることになったのである。

文官統制とは何か

ところで、昨今のメディアでは、文民統制と文官統制の用語が混在して使用され、少々混乱を生じているようである。本書でもこれらの用語を適時用いるので、先ずは定義をしておきたい。

後で詳しく述べるが、文民統制とは、民主主義国家にあって政治と軍事との関係を規定する場合、政治が軍事より優越し、軍事は政治の下位に位置づけることを原則とする制度あるいは思想である。

それゆえ文民が武官を統制する意味で文民統制（シビリアン・コントロール　Civilian Control）と呼ばれる。文民統制はまた文民優越（シビリアン・シュプレマシー Civilian Supremacy）とも表現される。具体的には自衛隊の最高指揮官は内閣総理大臣であり、アメリカ軍の最高司令官は大統領であり、武官は自衛隊や軍の最高指揮官には就くことはできない、とする文民優越の原則が民主主義の下では確立されている。

一方、文官統制とは、文民統制を具体的な制度のなかで実効性を発揮するために案出された、いわば日本型文民統制と称して良いものである。具体的には、総理大臣の命令を受けて自衛隊を運用する防衛大臣を防衛官僚である文官（背広組）が補佐し、防衛大臣と自衛隊との間のクッション役を担い、自衛隊（制服組）の独走を抑制する役割を果たそうとする制度である。

言い換えれば、日本の文民統制とは防衛官僚（文官）による自衛隊統制を示しており、それは日本の再軍備となった警察予備隊創設当時から保安隊を挟んで、自衛隊創設に至るまで、現在まで続いてきたものである。

なぜ、日本の文民統制が文官統制として継続されてきたかの理由は次章で詳しく述べるが、日本の憲法では第九条の条文により陸海空の戦力を保持できないことになっており、自衛隊統制に関する条文が不在であることから、この文官統制や、さらに防衛出動の承認を国会で行う意味で国会による統制（国会統制），首相や防衛大臣らによる内閣の統制（内閣統制）など、自衛隊の運用においては二重三重の縛りをかけている。

要するに戦前において政治と軍事が対等の位置に置かれ、さらには統帥権独立制や帷幄上奏権《いあくじょうそうけん》などによって、軍事が政治の統制を阻み、逆に政治に介入した歴史の教訓から、また、日本国憲法に規定不在の自衛隊を統制する必要上から文官統制をはじめ、国会統制や政府統制など、いくつもの統制システムを起動させている。従って、日本の文民統制を実態的に表現したものが、文官統制・国会統制・内閣統制である。このうち、最も実効性が高いのが、文官統制とされてきたのである。

それで防衛省設置法改正で焦点となっているのが、このうちの文官統制である。それはこの文官統制こそが、日本においては従来から文民統制としての機能を事実上果たしてきたからである。この点から言えば、国会統制や内閣統制が健全に機能するのであれば、文官統制が事実上廃止されたとしても広義の意味における文民統制が、それだけで形骸化される訳ではない。しかし、国会統制も内閣統制もこれまで必ずしも文民統制の実を挙げてきた訳でもなかっただけに、文官統制が充分に機能することで、日本の文民統制は存立し得たと言っても過言ではない。

改正案を支持する見解も

改正案推進者で責任者でもある中谷元防衛大臣（当時）は、二〇一五年二月二四日に記者会見した折、「改正は文民統制強化につながる」と発言し、論議を呼んだ。中谷防衛相は、「（背広組の）政策的見地からの補佐と、（制服組の）軍事的な補佐を相まってやることで、文民統制がより一層強化されるのではないかという結論に至った」と発言した。

真意がどこにあるか定かではないが、要するに制服組の意見具申が直接に防衛大臣に達することが、防衛大臣と背広組との距離を縮め、その分だけ文官である防衛大臣の意向が背広組に反映され、文民統制の実効性が担保される、という理由のようである。だが、ここには、意図的とも思われるが、なぜ背広組優位の防衛行政が行われてきたかの検討が欠落している。

一方で、防衛大臣には憲法第六六条の規定に文官規定があり、その限りで表向きには文官統制による日本の文民統制には、大きな変化はないとする解釈や意見もあろう。実際に、そうした見解は多く存在もする。安倍首相も、国会討論の場で、当問題に絡めて文民統制の問題を質された折に、「文民である総理大臣が最高指揮官であることをもって、シビリアン・コントロールは完結している」とする旨の答弁を行っている。

中谷防衛大臣は、同月二七日の閣議後記者会見の場で日本型文民統制としての文官統制が戦前における「軍部独走の反省」から出たものではない、と断言する。また、文官統制導入の理由や経緯を質問され、「私は戦後生まれたのでよく分からない」と答えたとされる。

日本の文民統制は、間違いなく戦前における軍部の独走を教訓とし、さらには警察予備隊から保安隊を挟んで自衛隊と変容していくなかで、憲法に明記されていない軍事組織を一個の国家組織として認容し、民主主義との共生をも図るために案出された制度である。

そうした歴史を知らないはずはない。それでも、そのような発言をしたとすれば、それは頭から文民統制なり文官統制なりの制度を最初から否定してかかっているから、と受け取られても仕方あるまい。

2　改正案提出までの経緯

鬩ぎ合う背広組と制服組

背広組と制服組との第一二条をめぐる鬩《せめ》ぎ合いは、いまに始まったことではない。

その第一幕は、一九九七年六月、橋本龍太郎首相時代に遡《さかのぼ》る。制服組に国会や他省庁との連絡を禁じる「事務調整訓令」の廃止により、政治家と自衛官との接触や交渉が解禁となり、さらには、二〇〇四年六月一六日の参事官制度廃止へと続いた。

それは、石破茂防衛庁長官（当時）をはじめ、防衛庁内部部局（以下、内局）の主だったメンバーと、統合幕僚会議議長（以下、統幕長）を筆頭とする制服組の主だった幹部たちが一堂に会する場で、出席者の一人である古庄幸一海幕長（当時）が、「統合運用体制への移行に際しての長官補佐体制」と題する文書を示して、背広組が制服組を統制する日本型文民統制の見直しを迫ったのである（『朝日新聞』二〇〇四年七月四日付朝刊）。

海幕長は、日本型文民統制そのものである参事官制度を事実上廃止し、さらには防衛庁背広組のトップである防衛事務次官が持つ自衛隊に対する監督権限を削除して、新設の統合幕僚監部の長が担うとする要求を出したのである。制服組による、文民でもある防衛事務次官の監督権限削除要求は、明らかに文官統制だけでなく、文民による統制を排除しようとするものである。

続いて、二〇〇八（平成二〇）年一二月二二日にも防衛省は、省改革・組織改編のため、「二二年度における防衛省組織改革に関する基本的考え方」を纏めた。それによると、防衛政策局を「文官と自衛官を混合させる組織」として拡充すること、運用企画局を廃止して、自衛隊の運用に関する権限を統合幕僚幹部に集約すること、現在、内局と陸海空三自衛隊に跨っている正面装備部門を統合することなどが挙げられている。

また、二〇〇九（平成二一）年六月三日、文官統制の根拠とされた防衛参事官制度の廃止（「防衛省設置法等の一部を改正する法律」法律第四四号）、これまで法律上明記されてこなかった防衛大臣補佐官の新設などの改正案が打ち出されたのである。

防衛庁組織はどうなっているか

ここで少し整理しておくと、当時、防衛庁長官の幕僚として、陸上幕僚監部、海上幕僚監部、航空幕僚監部があり、それぞれのトップが陸上幕僚長、海上幕僚長、航空幕僚長で、各幕僚長は幕僚監部の事務を統括するか、自衛隊の隊務については防衛庁長官を補佐し、長官の自衛隊に対する命令を執行する。

部隊運用など自衛隊を直接に指揮監督する権限は認められていなかった。また、防衛庁（当時）の組織にあって、統合幕僚会議及び陸上・海上・航空の三幕僚監部に勤務する自衛官は、制服着用の規定に服することになっていることから制服組と呼び、それと対比する意味で制服着用の規定がない官房長や各局の職員を背広組と呼んでいる。

また、防衛庁内部部局とは、長官官房、防衛局、運用局、人事教育局、管理局を示す。なお、参事官制度は、官房長、運用局長、防衛局長、人事教育局長、管理局長、国際担当参事官、衛生担当参事官、技術担当参事官、情報通信・施設担当参事官、装備・評価・監査担当参事官の一〇名から構成されていた。

さて、海幕長の要求は、防衛庁長官の指揮監督権や幕僚長の職務を定めた「自衛隊法」第八条、九条の「改正」をも視野に入れた抜本的な改編をめざしたものであった。しかも注目されたのは、要求項目の実現順位まで示し、実現を迫る構えを見せていることである。

憲法との絡みから言えば、武力組織（＝軍）である自衛隊の違憲性こそが問題にされるべきだが、この問題はひとまずおくとして、文民がどのように自衛隊を統制・管理していくかは、従来以上に極めて重大な問題となってきていた。そのような状況下で、海幕長という制服組の高級幹部から提示されたことの意味は大きく、制服組の動きが顕在化してきた事例となった。

こうした制服組の動きに、一方の当事者である内局の背広組は、当然ながら強い抵抗感を隠そうとしなかった。しかし、当時にあって制服組に深いシンパシーを持つとされた石破防衛庁長官は、「検討は必要」と参事官制度廃止に前向きとも読み取れる発言を行ったことで、古庄海幕長の主張は事実上採用される結果となった。

この時にはっきりしたことは、石破長官に代表される国務大臣や政治家たちのなかにも、文民統制は形式以上のものではない、と冷めた捉え方をする者が、少なからずいたことである。

以上の経緯を経て、第一二条の改正案が国会で認められた後、背広組と制服組が優劣の関係から対等な関係に転じることになった。こうして背広組は政策面から、制服組は軍事面から防衛大臣を補佐する規定となった。

加えて、自衛隊部隊の運用の権限が、これまでの内局から統幕に一元化され、部隊運用にあたってきた内局の運用企画局が廃止されることになった。参事官制度が廃止されて以後、この運用企画局によって辛くも背広組の統制を図ってきたが、このラインも切断されることになったのである。

文民統制の解釈変更を求める

かつての海幕長による参事官制度の廃止要求は、ただちに文民統制そのものを頭から否定しようとするものではなく、あくまで文民統制解釈の変更あるいは制度の改革を求めたものに過ぎない、とする評価も多くあった。つまり、文民統制は国会による民主的統制と政府による政治統制の二つを構成要件とするが、海幕長はこの二つの側面が充分に尊重されていない、とする問題提起を行ったのではないか、とする見方があった。

確かに制服組は、従来から民主的統制をなすべき国会の役割に深い失望感を抱いてきた。加えて、国会に長い間国防問題を直接に議論する常置委員会が設置されていなかったことも含め、国会が安全保障や日本防衛など、いわゆる国防問題について真剣に向き合ってこなかった、とする不満を溜め込んでいるのである。

要するに、国会は国防方針なり国家戦略を策定する意欲も能力も欠落させている、と考えているのである。また、国政について国民に責任を負う政治家や政党も、防衛問題を政争の具とすることはあっても、国防問題そのものへの関心は概して希薄である、との印象を制服組は抱いている。この制服組の不満は、本来民主的・政治的統制を担うべき政治家たちが、その役割を果たさず、国民には直接責任を負っていない文官である官僚たち（背広組）が、その肩代わりをしている、という点に集約される。

具体的には、「防衛庁設置法」の第九条に規定された参事官制度によって、文官たちが自衛隊組織を統制しているという事実である。制服組にしてみれば、従来の文民統制とは、本来の目的から外れた文官統制に過ぎず、参事官制度は、その制度的なシンボルと映っていたのである。

それゆえに、文官による統制を打破するために、制服組にとって長年の宿願であった参事官制度の廃止を要求するに及んだ経緯があったのである。これに加えて、近い将来予定される制服組の組織改編を睨み、制服組のトップである統幕長と防衛庁内局のトップである防衛事務次官とを同列に据えることを要求した。

つまり制服組は、防衛政策担当者の事務次官と軍事統括者の統合幕僚長という両者が対等の位置から、自衛隊の最高指揮官である文民の首相を補佐する体制を築こうとした。現在でも制服組は首相を補佐しているが、首相に意見具申する場合は、必ず内局を通さなくてはならない。そこで参事官制度の廃止によって、首相を直接補佐する体制を整備したいというのが制服組の狙いであった。

文官統制廃止に突き進む

時代は下り、二〇〇九年一月九日、防衛庁は防衛省に昇格し、単独予算編成権を獲得するなど、他省庁と全く見劣りしない組織となった。

事務調整訓令や参事官制度には、背広組主導によって軍事力行使を抑制する目的があったのである。つまり、文民統制であれ文官統制であれ、軍事力不行使の制度としての役割期待があり、そこにおいて現行憲法との整合性をぎりぎりのところで保ってきたのである。こうした一連の流れのなかで、今回の防衛省設置法第一二条の改正問題もあることは間違いない。

この間の文官統制の廃止の意図は、自衛隊軍事力の行使への方途を確保しようとする意図があるからである。従って、文民統制の議論において、論点のひとつは今後日本が軍事力行使を防衛外交政策の基軸に設定するのか、しないのかと言う問題に帰結する。それゆえ、集団的自衛権行使容認の方向のなかで軍事力行使を選択する機会を増やす方向へと舵切りする安倍政権下では、防衛省設置法第一二条の改正は、その点で同政権の方向性と軌を一つにしているのである。

以上の問題は、実は日本の文民統制のあり方をめぐり戦後一貫して続いてきた論議の延長線上にある。ならば、文民統制とは、また、その語源であるシビリアン・コントロールとは一体何かについて、いま一度原点に立ち戻って考えてみることが必要ではないだろうか。それを踏まえながら、いま何が問われているのか、何を問わなければならないかを検討しておきたい。

それで以下の章において、文民統制の多様な解釈から始まって、その役割期待が何処にあるのか、そもそもどのような経緯で文民統制が導入されたのか、そして、何故防衛省設置法第一二条改正が問題となっているのか、その賛否両論をも含めて、改めて検討してみたい。

そこでは、ただ単に防衛政策の検討ということ以上に、そもそも文民統制が案出された背景を追い、なぜ日本型文民統制としての文官統制が導入されることになったのかについてあらためて考えてみる。

第三章　文民統制の原点に帰る

1　文民統制導入の背景

「軍隊からの安全」のために

前章まで自衛隊の現状と課題に触れきた。ここで文民統制の原点に帰ってみたい。

文民統制が制度として考案される背景として、主に欧米諸国で議論された政軍関係論に注目する必要がある。そこで政治が軍事を統制することを前提として考案された政軍関係論について、先に整理しておきたい。文民統制や文官統制を論ずる場合、やや遠回りの感もあるが、やはりこの制度が生み出された理論的根拠を概観しておく必要があろう。

近代日本における政治と軍事の関係＝政軍関係を追究する場合、欧米の研究者によって開始された政軍関係論の適用ないし視角の導入により、一定の法則性と客観性を導き出すことが可能である。ここでは先ず近代日本の政軍関係がどのように把握されようとしたかを整理しておきたい。

政軍関係論（Civil-Military Relations）は、一九五〇年代のアメリカで政治学の一領域として研究テーマとされたが、当初は政軍関係ではなく、「民軍関係」と翻訳された。

政軍関係論の旗手でもあったハンチントン（Samuel P .Huntington）が、その民軍関係を「国家安全保障政策の一局面」であり、「軍事的安全保障政策の基本的な制度的要素である」（サミュエル・ハンチントン〔市川良一訳〕『軍人と国家』上巻、原書房、一九八八年）と定義づけたように、第二次世界大戦後、大戦勝利の立役者となった軍部の政治的影響力が顕在化していたアメリカ社会では、「民」（＝政府）が「軍」（＝軍部）を統制（civilian control）することの困難さが、健全な民主主義の発展の阻害要因となると危惧されるに至っていた。

とりわけ、一九五〇年代に入り、米ソ冷戦時代の本格的な幕開けに伴い、軍部の役割期待の増大は、シビリアン・コントロールの必要性を痛感させ、「民」と「軍」との協調関係の構築は、一段と重要な政治課題となっていたのである。

その意味で民軍関係論の展開を促した背景には、アメリカ国内の政治的かつ社会的な条件が存在した。しかし、シビリアン・コントロールの実体化を目的とする民軍関係論を、直ちに戦前の日本における民と軍の関係に応用するには幾つかの条件が不可欠である。

すなわち、戦前の日本国家では、民主主義を基調としたシビリアン・コントロールは存在しない。なぜならば、そもそも戦前の日本では政治と軍事との関係は、欧米社会のように一括して論ずる対象とはなり得なかったからである。

そのことは後述するが、この政軍関係論の前提としては、成熟した民主主義国家において繰り返し議論されてきたように、「軍隊からの安全」をどのように確保することで民主主義を護るのか、という問題意識が常に問われた歴史があったからである。

本来の意味での政軍関係論の成立には、第一に政治と軍事の関係を基本的に対等な関係と位置づけたうえで、この両者がどのような協調関係を構築し、一体となって機能する方法と論理を創り出すか、が最大の焦点となるはずであった。

従って、ここでは政軍関係の組織・機構・制度・体制という、いわば組織的要因、すなわち、ハード的側面の分析が重要となる。但し、政軍関係の展開過程をこの組織的要因にだけ求めるのは正確ではなく、当然に組織を運営する政治家や官僚等、すなわち、ソフト的側面の要素をも多分に評価しなくてはならない。

政軍関係論の視点から

文民統制を支える理論としての政軍関係論は、アメリカの政軍関係論者であるジャノヴィッツ(Morris Janowitz)やハンチントン等の政治社会学者達が、一九五〇年代後半から本格的な政軍関係論研究を開始したことが起点である。彼らの政軍関係論研究に共通することは、その研究目的が第二次世界大戦後において肥大化が予測された軍隊組織を容認したうえで、これを他の政治社会組織と如何に調和させ、かつ効率よく運用していくかの解答を求めていくことに主眼が置かれていたことであった。

そこで最大の関心が払われたのは、軍隊統制の方法・手段であったが、軍隊組織に内在する問題を解明し、さらに政治民主化との相互矛盾を解消して、人間社会にとって有用な組織へと改編していくための、政治学的・社会学的アプローチからする理論構築への積極的努力は不充分であった。

そもそも政治と軍事を対抗的領域の問題として、並列的に位置づけることが可能なのか、換言すれば別領域として二分化することが可能なのか、という問題がある。とりわけ、日本の場合には、政軍間に生じた対立・妥協・調整の関係としての政軍関係史研究でも明らかなように、制度的かつ機構的な意味で分化は可能であるが、そこで決定される政策や方針の決定過程という点で言えば、二分化は理論上不可能であるし、さほど意味のあることではない。

この点は、今日の日本の政治状況のなかで充分に議論されるまでには至っていない。制度としての政治と軍事という区分は可能だが、決定過程においては政治と軍事が混在化した内容で表出するのであり、一定の軍事決定は同時に政治決定でもあることから、そもそも政治と軍事の関係を二項対立的に捉えること自体がナンセンスとする見解も出てこよう。

特に現在の防衛省設置法案改正問題で問われている文民統制あるいは文官統制問題の前提として、政治と軍事をどのような関係として捉えるかについては、ある意味で所与の前提があったうで議論が進められてもいる。すなわち、軍事は政治に従属し、政治の一部であるから、その政治から軍事を切り離して捉えるのは間違いとする見解である。

自衛隊制服組は、少なくとも軍事は政治の一部ではあったとしても、一定程度政治から自立・独立した領域として扱って欲しいとする強い要請を一貫して主張してきた。その意味するところは、特に近代以降の軍事の複雑化・高度化などの理由から、政治に一方的に従属するのではなく、軍事領域としての、いわゆる自己判断が担保されなければ、軍事的観点からする政策提言や軍事判断は不可能である、と強く考えているのである。

軍人の自立は許されるのか

実は、こうした自衛隊制服組の考え方は、決して独自的なものではなく、欧米各国の軍事担当者たちが、ほぼ共有しているものである。実際に、政治と軍事のそれぞれ固有の動きを捉えることによって、ここでいう政策決定過程とその内容を深く検討する必要性から二分化の方法が採用され、検討されてきたのである。

政軍関係とは、そもそも「政治」(政府・文民)と「軍事」(軍隊・軍人)との関係を、対立的かつ非妥協的な関係として捉えようとすることではない。その理由は政軍関係論自体が両者の協調性や相互補完関係の構築に最終の目的が置かれたものであるという点からだけでなく、実際に「政治」は、実に多様な制度や論理が複合して構成されたものであり、その「政治」に比較して圧倒的な団結力を特徴とする「軍事」にしても、それが置かれた歴史的条件や政治的条件、さらには経済的条件、あるいは国民の「軍事」への期待度など、様々な要素によって多様な構成体として存在しているからである。

もっと別の角度から言えば、「軍事」部門を担当する軍事官僚には極めて政治的な行動規範に固執する者もいれば、政治自体には殆ど関心を示さないか、政治には自己抑制的な姿勢で臨む者もいる。そのなかで、政治的軍人は軍内部で自らの地位や軍自体の政治的地位を高めるため、政治集団を組織し、その力によって政治を逆に統制し、場合によっては軍事と政治の一体化を図ろうとする。それが時として、国民の支持を獲得する場合もある。

従って、政軍関係は単線的な対立関係と捉えるのではなく、両者の独自で複雑多様な内部構造の重層的な絡み合いによって一つの政治関係が形成される、と捉えるべきである。その意味で政軍関係は、非常にダイナミックな変動を常に露呈していくのである。一般的に言えば、政軍関係は決して併存的な関係として固定的に捉えられないのである。

それでは軍事あるいは軍隊とは、近現代国家の内部にあって一体どのような役割期待を与えられ、また何によってその正統性を付与されているのかについて、簡単にでも要約しておく必要があろう。軍事・軍隊は言うまでもなく「国家防衛」（国防）という任務を付与され、軍事の論理に則り厳しい規律によって内部統制された高度職能集団である。そして、民主主義国家では、法的な制約のなかで一定の政治的な役割期待を担う限り、正統性を担保される。

その場合、以下の三つの職務を履行しているとされる。

すなわち、①国防の責任を果たすために必要な資源配分を要求する、②政治指導者が対外政策を決定する際、その政策の軍事的インプリケーション（関係性）を明らかにし、所要の勧告を伝え、政治指導者の政策決定に資する、③政治指導者の軍事行動を実行する、である。

以上、三つの職務を合法的な枠内で実行している限り、特に政軍関係に問題は発生せず、両者は相互補完的な連携を保持していることになる。問題は軍の側が労働組合や業界団体などの利益集団や圧力集団と同様に、政治的行動によって自らの利益や地位を拡大するか、あるいは法的制約から逸脱してまで自らの地位強化に乗り出す場合に、軍に付与された役割構造が崩壊する。

その場合、軍はその物理的手段に訴えながら政治に圧力をかけるか、さらには政治権力を掌握して国家を支配しようとする。軍による政治への干渉から介入、最終的には政権奪取という過程を事前に阻止するためにも、政軍関係の合理的な在り方をめぐる議論が、文字通り民主的に行われておく必要があり、その実行過程も政軍関係論の重要なテーマとなってきた歴史経緯がある。

文民統制（シビリアン・コントロール）のシステムとは反対に、軍事による政治統制が敷かれ、その教訓から文民統制のシステムが取り敢えず機能している戦後の日本においても、極めて重要なテーマとして論じられているのである。それでは、シビリアン・コントロールの視点から政軍関係論を位置づけると、どのような事が言えるのかについて、次に論じておきたい。

2　シビリアン・コントロールをめぐって

シビリアン・コントロールとは

戦間期から戦後における政軍関係論を捉え返す場合、戦後の政軍関係の在り方を規定づけるシビリアン・コントロールは、どのように位置づけたら良いのであろうか。その点において最初に想起されるのは、ハンチントンの定義する「シビリアン・コントロールの本質は政治上の責任と軍事上の責任を明確に区別することであり、また後者の前者に対する制度的な従属である」（ハンチントン前掲書）とする定義である。つまり、政治による軍事の統制が所与の前提とされ、これが政軍関係の目標とされる。

確かに近代日本における政軍関係において文民による軍隊統制という意味におけるシビリアン・コントロール（文民統制 civilian control）あるいはシビリアン・シュプレマシー（文民優越 civilian supremacy）という関係は、政軍関係上成立し得なかった。

しかし、一九一八（大正七）年の第一次世界大戦後における国際的潮流となったデモクラシーの思想が日本にも及び、民主主義が普及していくなかで、政治と軍事との相互関係の見直しも行われた。それは国際平和の担い手であるデモクラット（民主主義者）としての文民政治家や市民の政治舞台への登場を促す気運が生まれてきたのである。そうした気運に後押しされるように、軍隊批判や軍備縮小（軍縮）を求める世論が湧き上がってきたのである。

こうして、大正デモクラシー状況下における軍縮機運や軍隊の役割の相対化現象、さらには総力戦体制構築のための国家総動員法の成立過程において、軍隊および軍事機構と政治機構とを総力戦段階に適合させるための改編や合理的な戦争指導体制の創出という課題が浮上してきた。その結果として、行政権の拡大や官僚制の強化によって極めて制限的であるが軍隊統制への試みは、少なからず実行に移されたことも歴史事実である。

ここでの政軍関係では、主体が政府（government）、客体が軍隊（army）となる。直接的には政府と軍隊との相互関係の構築の仕方をめぐる政治過程あるいは政治思想のレベルで捉えられるものである。そこで、問題となるのは、軍隊が近代国家、とりわけ国民国家成立以降において、国家の主権性を物理的に保証する必須の機構として比重を高める一方で、「国民」の政治舞台への本格的な登場によって、その「国民」を政軍関係のなかでどのように位置づけるのかという点であった。

事実、クラウゼビィッツは政軍関係の規定要因としての「国民」の問題に言及しており、長尾雄一郎は、レイモン・アロン（Raymond Aron）の『戦争を考える――クラウゼヴィッツと現代の戦略』を引用しながら、「国民国家の時代における政軍関係を考察するには、政府、軍隊、国民の三重構造体が成り立つ国民国家の枠内で、『国民』の存在に目配りしつつ、政府と軍の関係を検討する必要がある。つまり、政府と軍の二者関係をみるだけでは不充分であり、『国民』という第三の要素を媒介させて考えるべきである」(長尾雄一郎「政軍関係とシビリアン・コントロール」道下徳成他『現代戦略論—戦争は政治の手段か—』勁草書房、二〇〇〇年所収)と指摘している。

シビリアンとは誰のことか

確かに政府にしても民主主義の時代、国民の存在を無視することはできないし、軍隊にしても総力戦の時代に大量動員の対象としての国民の支持や同意は不可欠の要素となったのである。長尾の指摘を了解しつつも、今日において「国民」は、「政府」を構成する直接的な主体として制度化されており、政治＝政府の概念に、ここで言う「国民」も包摂される存在と見なしておきたい。

従って、今日における政軍関係の実際的な意味での制度あるいは論理としてのシビリアン・コントロールは、民主主義の主体としての「国民」と、その「国民」による支持・同意によって初めて正当化される「政府」とが、軍事＝軍隊を共同して統制下に置くという意味で解釈されているはずである。

確かに軍は、国家機構のなかで唯一絶対的かつ圧倒的な暴力行使という手段を独占する特異な存在である。その軍をシビリアン・コントロールという民主的方法によって統制を試みること自体間違っていないとしても、果たして軍に対する法的かつ制度的な拘束力によって成立する政軍関係が、どこまで合理的かつ有効であるのか、という点には疑問が生じる。

つまり、近代国家成立以前において分立していた諸勢力が自前の暴力装置を抱え、それが内戦・内乱を一層複雑かつ拡大する要因となったことから、近代国家さらには国民国家の成立以降において、国家が暴力を独占することにより安定と秩序を結果し、内戦・内乱を未然に防止する手立てが整えられたのである。

国家による暴力の独占という事態は、同時に暴力を独占する施行者に強大な権力をも付与することにもなった。そこから軍に対する監視と統制という制度や思想の構築が求められてくる。そのような歴史経緯を辿るならば、近代国家成立以降における政軍関係とは、近代国家の安定と秩序の形成に不可欠な暴力の国家管理の方法をめぐる課題としてあり、シビリアン・コントロールとは、暴力の管理を原則的にはシビリアンに委ねるという形式を踏むことで、取り敢えず今日まで普遍的に合意された暴力管理の一手段に過ぎないと言える。

そこでもう一つ極めて重要な問題が生じてくる。それは、そもそもシビリアンとは、一体どのような語源と概念を含意したものなのか、という問題である。

シビリアン（civilian）は、ブルジョワ（bourgeois）と並んで、市民（citoyen）の原語とされる。福田歓一《ふくだかんいち》は、そのなかでもbourgeoisとcitoyenはフランス革命による人民主権国家の実現を契機に明確に区別されることになったとしたうえで、「一七世紀まではcivilはギリシャ都市国家に由来するpolitiqueと大体同義語に使用されてきた。革命の落とし子であるフランス民法典codecivilが、まさにこの新しい用法を確立し、それをpolitiqueの反対概念にしたのである。それがcitoyenとcivilとを決定的に引裂いた」（福田歓一「市民について」（『福田歓一著作集第二巻近代政治原理成立史序説』岩波書店、一九九八年）とする。要するに、シビリアンの用語には、近代市民主義から派生した民主主義の理念と目標とが含意されているということである。

また、シビリアンの用語の語源については、「古代ローマ時代に、市民階級を舞台にして独裁的権力を掌握したシーザーが、現代の理念からいえば民主的とはいえない政治を行い、これがシーザリズム（Caesarism 皇帝専制）から、プリートアリニズム（Praetorianism 親衛隊独裁）と呼ばれる軍事支配に堕落したという歴史的事実に到達する」（前掲『現代のシビリアン・コントロール』）との指摘に従えば、シビリアンとは単に非軍人あるいは非軍事と概念規定するだけでは不充分となる。そこにはシビリアンであっても、民主主義の理念を念頭に据えた人物という基本的な条件が満たされなければならない。

その意味ではシビリアン（＝非軍人）であっても、政治による統制に積極的に服従する軍人以上にミリタリズムの信奉者で、非妥協的で露骨な軍事政策を強行しようとする政治家が存在してきた歴史事実を見出すことは容易である。従って、ルイス・スミスの指摘するように、シビリアン・コントロールとは、「適切に表現すれば、それは『民主的な文民統制』というべきもの」（ルイス・スミス〔佐上武弘訳〕『軍事力と民主主義』法政大学出版局、一九五四年）なのである。

シビリアン・コントロールを直ちに文民（＝非軍人）による統制（＝文民統制）とする邦訳からは、そこに含意された歴史経緯や本来的な意味を把握することは困難でもある。それでスミスのように「民主的な統制」か、それとほとんど同義語だが、筆者はより徹底した民主主義による軍事統制という意味を込めて「民主統制」（democratic control）の用語がシビリアン・コントロールの訳語として、より相応しいのではないかと考えている。

ミリタリズムとデモクラシー

政軍関係論を考察するにあたり検討すべき対象として、ミリタリズム・リベラリズム・デモクラシーに関連する政治思想や論理について言及することも不可欠であろう。

ミリタリズム（軍国主義・軍事主義）とは、軍事に関わる諸問題や価値が政治・経済・教育・文化などの諸領域において強い影響力を持ち、政治行政レベルで軍事第一主義の思想が優先されるべきだとするイデオロギーである。それは古代ローマ帝国、フランコ独裁時のスペイン、帝政期のドイツ、満州事変から敗戦に至る日本等の諸国において有力となり、ミリタリズムを基調とする体制にも結実する。

ただ、ここで注意しておくべきは、ミリタリズムが強大な軍事力や軍事機構の存在自体を指すものではなく、そうした存在を背景としながら軍事的な価値観、さらには政策決定や国民意識において大きな比重を占めることを意味することである。

例えば、強大な軍事機構が存在しなくても、軍事主義的な発想や政策選択への衝動が絶えず志向され、評価されるような状況もミリタリズムと捉えられるべきであろう。それらの点から、ミリタリズムとは、政治制度や政治意識、それに政治思想などの諸分野で検証の対象とされるべき性質を持っている。

この場合、ミリタリズムがデモクラシーと全く相反する基本原理を持っていることを確認する必要がある。すなわち、デモクラシーが自由・自治・自立の原理を根底に据えているのに対して、ミリタリズムは、統制・管理・動員を絶えず目的として諸政治制度や政治思想を形成しようとする。そのような意味でミリタリズムは、デモクラシーの対抗概念として捉えるべきである。

しかし、そこで重要な問題は、ベルクハーン（Volker R. Berghahn）が指摘したように、ミリタリズムそのものの現象形態や機能を分析対象とするのではなく、ミリタリズムを発生させる社会秩序の構造分析に比重を置くことであろう（前掲『軍国主義と政軍関係―国際的論争の歴史―』）。

ミリタリズムの概念は、近世イギリスのクロムウェル（Oliver Cromwell）が、一六五三年に共和国イギリスの国家元首（護民官）に就任し、軍事力を背景に議会権力を凌駕する権限を掌握した事例から、その議会権力を軍事権力で抑圧する体制（＝軍事支配体制）を示す用語としてミリタリズムが使われた。

さらに、名誉革命（一六八八年）を境に議会主義が確立されていき、文民権力が圧倒的な政治力を獲得するなかで、近代イギリス国家が成立していったのである。その意味からすれば、近代イギリスは強大な軍事力によって支えられたミリタリズムの克服が、常に重大な政治的課題として存在したのである。

しかしながら、そこで使用されたミリタリズムの概念は必ずしも確定したものではなかった。一般化して要約すれば、文民あるいは市民が主体となるべき近代国家にあって、ミリタリズムとは、軍人が国家権力の中枢に座り、戦争政策の選択を優先し、軍隊を政治運営の物理的基盤として位置づけたりすることを意味していた。そうであれば、ミリタリズムが幅を利かせる政治状況を精算して、逆に市民（＝文民）が政治主体としての位置を獲得し、それによってデモクラシーが実現するとすれば、デモクラシーはミリタリズムを溶解する決め手であった、と言えるのである。

文民ミリタリスト

そこからファークツ（Alfred Vagts）が、その著作のなかでミリタリズムの対置概念を平和主義（Pacifism）ではなく、文民主義（Civilianism）と定義したことは極めて重大である。

事実、ファークツは著作のなかで、「文民ミリタリズム」の存在を指摘し、その場合に「軍事的価値、軍事的気風、軍事的原理、軍事的態度、これらの無条件の信奉者」（アルフレート・ファークツ〔天野真宏訳〕『軍国主義の歴史　Ⅲ』福村出版、一九七四年）として文民ミリタリストが、文民政府、議会主義、政党制等への憎悪ないし否定のスタンスを採る点で、軍人ミリタリストと軌を一つにすると記している。

昨今における文民政治家たちが、場合によっては制服組以上に軍事主義に傾斜していく傾向が顕著であることを重ね合わせて考えると、これらの指摘の意味するところは重要である。

それで政軍関係論とミリタリズムの関係について触れておくならば、デモクラシーの発展の阻害要因の対象とされていたミリタリズムの展開を念頭に据えながらも、そのミリタリズムを全否定するのではなく、それとの協調関係を構築する論理として政軍関係論が登場してきた経緯を踏まえる必要がある。ハンチントンは『軍人と国家』のなかで、文民が軍事を統制する方法について、軍人の専門職業性に着目し、その社会的かつ政治的な存在として自律性を重んずることを基本的前提とすべきことを説いている。

すなわち、ハンチントンによれば軍人およびその軍人から構成される軍隊・軍事機構は、固有の政治的かつ社会的存在として一定の社会的政治的役割を担い、社会や政治との合理的かつ有機的な関係を形成することで共存関係の構築に向かうことが合理的だとする認識を展開している。

ハンチントンは、こうした文民と軍人との在り方を「客体的文民統制」（objective civilian control）と称し、従来のように軍事領域の自律性を認めず、軍事は本来的に文民の統制に無条件に服従させることを前提とする「主体的文民統制」（subjective civilian control）から区別した。

ここでは、ミリタリズムの歴史展開を踏まえつつ、これを直ちに全否定する論理を逞しくするのではなく、一定の譲歩を示すことによって、ミリタリズムに内在する危険性を溶解しつつ、これと共存する方途を探る理論として政軍関係論が提起されたことを確認しておきたい。

リベラリズムとミリタリズム

もう一つ、近代国家の成立の発展過程で登場してきたリベラリズム（自由主義）とミリタリズム（軍事主義）との対立の問題から見た政軍関係論の位置を大まかにでも捉えておきたい。一八世紀後半に産業革命を成し遂げたイギリスでは、一八三〇年代のチャーティスト運動を通して市民の政治参加が実現し、同時に議会制や政党制が従来に増して政治的比重を大きくしてくる。

これら立憲主義に支えられた議会制や政党制はリベラリズムを基底に据えつつ、かつて国王が保持していた大権（prerogatives）の対抗原理としてリベラリズムが形成された経緯から、それは当然ながら国王の権力の源泉でもあった常備軍の統制への関心を強く意識させるものとなった。そこから形成された方法が議会（Parliament）や内閣（Cabinet）による軍隊統制であった。

しかしながら、リベラリズムは特にイギリスにおいては王権からの自由を確保することで自らの特権や利益を確保しようとした貴族階級やブルジョアジーの論理として生まれた。しかし、フランス革命を起点として発展したデモクラシーによって、貴族階級やブルジョアジーだけでなく、多くの民衆の政治参加の意志が制度化される過程で、選挙によって選出された民主的政府が軍を統制することを前提とするシビリアン・コントロールの論理が提起されるようになる。

つまり、そこでは市民（civilian）によって選出された政治家によって構成される政府や議会が、市民の合意を背景として軍隊の統制を合法的に行うという形式を採用・制度化していったのである。それこそがシビリアン・コントロールの基本原理であり、市民の合意を得ないで行われる政治家や一部特権階級による軍隊統制である政治統制（political control）と区別される。

こうした意味ではリベラリズムとデモクラシーが結合したリベラル・デモクラシーの思想こそ、今日で言うシビリアン・コントロールの本質と言える。但し、このリベラル・デモクラシーの思想を基調としつつも、現代のシビリアン・コントロールは、欧米間では一定の相違性が存在することも確かである。イギリスの場合には、名誉革命（一六八八年）を境に議会主権（Parliamentary Supremacy）が確立されてから、圧倒的な権限を保持する議会と、その議会内組織とも指摘される内閣による軍の統制は絶対的であった。

なぜなら、イギリスでは王権への対抗原理から形成された議院内閣制において、立法部と行政部とは一体化しており、この両者が一丸となって軍の統制を徹底するのである。第二次世界大戦の折り、チャーチルが戦時内閣（War Cabinet）によって強力な戦争指導を遂行できた背景には、このようなイギリス固有の歴史があったのである。

その一方で、アメリカやフランスのように共和政体として大統領制を採用しつつも、行政・立法・司法の三権分立制が敷かれた国家にあっては、最高司令官としての大統領への権限偏重の可能性を警戒して、議会による大統領権限への抑制と監視を徹底するところとなり、ここから大統領（政府・内閣）と議会との軍統制をめぐる鋭い駆け引きから対立に発展する余地が出てくる。つまり、イギリスでは行政部と立法部が事実上融合状態に置かれているのに対して、アメリカではそれが対立あるいは拮抗している状態にある。

その点でアメリカやフランスの大統領制のほうが、シビリアン・コントロールの徹底ということでは、ある種の制約条件となる。そこでは軍に対し、行政部と立法部が相対的なフリーハンドを確保することにもなる。それだけに軍部は、国家機構の一翼として主要な地位を獲得することにも繋がっていくのである。

例えば、アルジェリア独立戦争や第一次インドシナ戦争時のフランス軍部や、朝鮮戦争あるいはベトナム戦争時のアメリカ軍部の行動原理の根底にある脱シビリアン・コントロールへの執念が、不必要な戦闘の拡大と長期化の一因ともなったのである。その背景には、両国におけるシビリアン・コントロールの徹底化の困難性が浮き彫りにされているとの見方もできよう。

第四章　文官統制成立の歴史を追う

1　近代日本の文民統制史

戦前期日本の文民統制

本章では戦後、なぜ文民統制と称する制度が導入されたかについて追っておきたい。文民統制導入の経緯こそ、戦前日本の政軍関係の実態に起因しており、同時に防衛省設置法第一二条改正問題など、昨今浮上している文民統制に関わる議論を進めていくうえで、確り踏まえておく内容でもある。

戦前の軍隊は、大日本帝国憲法第一一条により、天皇が統帥権（軍隊指揮権）保持者として規定されていた。そして実際には、軍を指揮・監督する権限は、天皇を補弼する武官（＝軍事官僚）に全て委ねられていた。軍を指揮・監督する権限は、帝国議会（現在の国会に相当）にも内閣にも無く、事実上、軍は議会統制も内閣統制も受けることはなかったのである。

陸・海軍の統帥部の長官である参謀総長（陸軍）と軍令部総長（海軍）は、議会や内閣に責任を負うことなく、陸・海軍の最高司令官である大元帥・天皇に「御下問《ごかもん》」と「上奏《じょうそう》」という形式で意見具申する機会を与えられていた。これを帷幄上奏制と言う。

確かに、戦前期においても一九一三（大正二）年六月一三日に公布された陸・海軍省官制改正によって、西園寺公望《さいおんじきんもち》政友会内閣が現役軍人に限定されていた陸・海軍大臣の任用資格を緩和し、予備役までに拡げることに成功したことがある。それは軍部大臣のポストに文官を登用する道を切り開く第一歩と期待された。さらに、一九一八年に成立した原敬政友会内閣も、参謀本部や朝鮮総督武官制の廃止を断行しようとした。

これらの動きは大正デモクラシーという戦前期民主化運動の高まりを背景にした、政治による軍の統制の試みであり、今日の視点に立って言えば、文民統制あるいは文官統制を視野に据えたものであった。その意味では、戦前の日本においても、広い意味での文民統制実現の動きが全く無かったわけではない。けれども、こうした政党の試みや、これを支持する民衆の動きに軍は猛烈に反発し、特に一九三〇年四月の統帥権干犯《とうすいけんかんぱん》問題で浜口《はまぐち》雄幸《おさち》民政党内閣と軍が正面から衝突した。

統帥権干犯問題とは、大日本帝国憲法（明治憲法）第一二条の編成大権に関わる規定をめぐり、政府と軍との間で争いとなった事件である。武器の調達や部隊の増設などに関する編成大権は、純粋な国務事項であり、直接には国務大臣で閣僚メンバーである陸・海軍大臣の責任において、そして、最後には内閣の責任において決定されるとする解釈が当然とされていた。

ところが、軍は統帥大権と編成大権とは密接不可分のものであり、財政面を理由とした内閣による一方的な決定は、広義における統帥権を侵したことになると主張したのである。しかし、浜口雄幸内閣を支持する世論や東京帝大の美濃部《みのべ》達吉《たつきち》教授（憲法学）らの支援もあって、軍が主張する統帥権干犯論は当然のことながら論破されることになった。

つまり、予算の側面から内閣や帝国議会が陸海軍を統制することは、明治憲法下でも可能であったのである。このような問題解決の経緯を追ってみると、内閣統制および議会統制が一応機能していたことになる。民衆の支持を受けた浜口内閣は、軍の条約反対論を退けることに成功はしたが、しかしこれを機会に軍は、一段と反政党・反議会の動きを活発化させることになったのである。

事実、その翌年に軍は満州事変（一九三一年九月一八日）を、さらに第一次上海事変（一九三二年一月一八日）を軍の独断で引き起こした。政治による統制からいつでも逃れる実力を見せつけたのである。浜口を継いだ若槻礼次郎《わかつきれいじろう》民政党内閣は、軍の中国への派兵要求を抑えることができず、結局は軍の独走を許すことになった。

軍の政治介入の代表的な事例として取り上げられる統帥権干犯問題の教訓は、戦前で言う統帥大権（＝軍令権）と編成大権（＝軍政権）とを区別するのではなく、これを一元的に政治の統制の下に置くことの重要性であった。軍政・軍令を統一し、文民がその権限を合わせ持つことはいまでこそ文民統制の名によって常識化しているが、そこには戦前の苦い歴史体験が活かされていると言えよう。

文民統制導入の経緯

敗戦後、日本の軍は解体された。だが、朝鮮戦争が起きると、アメリカの要請により一九五〇年に警察予備隊が創設され、再軍備が開始される。

それと前後して戦前の教訓を踏まえて軍の政治介入を阻み、議会や内閣を中心に軍を統制するための制度や規則を導入した。そしてこれに加え、防衛行政官庁の内局による軍の統制を図る参事官制度を設置した。これらをまとめて文民統制と呼ぶ。それは軍を統制する原則や理念を表したものであり、同時に制度をも示す。こうして、軍に対する二重、三重の統制の網をかけることで、その独走を許さない体制を創りあげようとしたのである。

ところで今日、議会による民主的統制や内閣による政治統制は必ずしも機能していない。二〇〇九年に廃止されるまで、文民統制の砦として参事官制度が、何とか一線を守り抜いてきた格好となっていた。本書の第二章で触れた通り、防衛省設置法第一二条改正案により、制服組は、歴史の比喩を用いれば、戦後版〝帷幄上奏制〟を整え、いつでも最高指揮官である首相に物申す体制を用意しようとしているのである。

日本における文民統制導入の直接の契機は、戦後にも暫く続いた貴族院での憲法草案の審議に寄せられたクレームからとされる。

すなわち、「国民は、正義と秩序を基調とする国際平和を誠実に希求」するために「交戦権を放棄する」とした第九条第一項の原案に対し、草案を審議していた衆議院憲法改正特別委員会委員長の芦田均《あしだひとし》（後に首相）が、二項のいわゆる交戦権放棄条項の冒頭に「前項の目的を達するため」という文言を書き入れたが（「芦田修正」と言われる）、その解釈をめぐり議論は紛糾した。

事の起こりは一九四六年七月二九日の衆議院においてである。その「芦田修正」とは、憲法第九条一項の冒頭において、「日本国民は、正義と秩序を基調とする国際平和を誠実に希求し」と、二項に「前項の目的を達するため」の文を加筆修正したことを指す。

ここで議論となったのは、後段の二項における「前項」＝「正義と秩序を基調とする国際平和を誠実に希求し」の部分が、国際平和を乱す侵略戦争のための戦力保持は否定するものの、国土防衛のための戦力保持は可能、とすることを含意したものと解釈を許すものとして、同年九月二一日に開催された極東委員会の場で中国などが問題にした。かつての被侵略国から日本が再び戦前のように、「自衛」を口実に軍隊を保持し、そのことによって再び軍人が台頭する危険性が指摘されるところとなった。そのために、連合国軍最高司令部（ＧＨＱ）は日本側に「文民条項」を憲法に盛り込むよう要請した経緯があったのである。

　日本の占領政策決定の大本締めであった極東委員会で、中国代表が「前項の目的を達するため」という文言が入ったことにより、放棄される交戦権が「国権の発動としての交戦権」に限定され、その目的以外ならば事実上再軍備が許されると解釈できるのではないか、と疑問を呈したのである。

　そのような解釈がどこまで妥当かは別として、日本再軍備への懸念は中国だけでなく連合軍諸国にほぼ共通するものであった。そのような懸念を拭うために、ＧＨＱのマッカーサー司令官が日本政府に示した文民条項挿入案が、結果的には憲法第六六条二項の「内閣総理大臣その他の国務大臣は、文民でなければならない」との条文となった経緯がある。

　その際に問題となったのは、ＧＨＱが英文で示したCivilianの用語に、どのような日本語を当てるかであった。翻訳作業は貴族院の憲法改正特別委員会内に設置された一五名の委員から構成される橋本實斐《はしもとさねあや》を委員長とする小委員会で検討された。一九四六年九月二八日から一〇月二日の期間中に四度開催された同委員会で翻訳作業は難航したが、議事内容を記録した史料によれば、翻訳案には平民、凡人、文臣、文人、文化人、民人などがあげられ、最後に現在使われている「文民」の訳語に落ち着いたとされる（参議院事務局編『帝国憲法改正特別委員小委員会筆記要旨』財団法人参友会、一九九六年）。

このように、Civilianをめぐり翻訳作業が難航した背景には、シビリアンの用語に含まれた政治文化や歴史文化が、日本においては成熟していなかったという事情がある。そして、シビリアン・コントロールの概念自体が、日本政府関係者や憲法起草委員のメンバーにとって理解し難いものだったのである。

こうして紆余曲折を経ながらも、取り敢えず戦後日本において「文民」の概念が導入されたことになる。その意味で「文民」の用語は、歴史の教訓と戦後の平和創造の主体が「文民」であるとする、現在においては自明の問題が当時の国際環境を踏まえて確認されたことを意味する。但し、この用語が日本国内で定着していくには、相応の時間を要したことも確かであった。

文官スタッフ優位制

さて、「文民」の概念が導入されはしたが、一九五〇年六月二五日に勃発した朝鮮戦争を契機に、日本再軍備問題が浮上する。その再軍備過程における軍事組織の内容と文民統制の関係について概観しておこう。

すなわち、GHQのマッカーサー司令官は、同年七月八日付で吉田茂《よしだしげる》首相宛てに書簡を送付し、急ぎ再軍備の作業に入ることを命じた。その内容は、七万五〇〇〇人から編成される「国家警察予備隊」（National Police Reserve）及び海上保安庁に八〇〇〇人の増員を許可する内容であった。これを受け、一九五〇年八月一〇日、閣議決定で「警察予備隊令」（政令第二六〇号）が公布され、同月二四日には「警察予備令施行令」（政令第二七一号）が公布された。こうして警察予備隊が急ぎ創設され、日本再軍備が開始されたのである。

警察予備隊の創設には国家地方警察（以下、国警と略す）が担当者となり、大橋武夫《おおはしたけお》法務総裁（現在の法務大臣に相当）を責任者として、事実上は国警本部から出向した加藤陽三《かとうようぞう》や海原治《かいはらおさむ》らが担うことになった。加藤や海原は、旧内務省出身の文官であったことが、日本における文官優位システムの発端となった。言い換えれば、現在問題化している文官統制の根源である。

さらに、警察予備隊本部長官に就任した増原恵吉《ますはらけいきち》は、旧内務省出身の文官であった。その他にも、人事局長に加藤陽三、企画課長に海原治、警備課長兼調査課長に後藤田正晴《ごとうだまさはる》、武器課長兼補給課長に麻生茂《あそうしげる》など、警察予備隊本部の中枢は旧内務官僚・警察官僚が占めることになった。その下で制服組のトップとして約七万五〇〇〇名の部隊を直接指揮する部隊中央本部長（後、部隊総監と改称）にも旧内務省出身の林敬三《はやしけいぞう》が任命された。

また、長官の下に予備隊本部と称した一〇〇名ほどの人員から成る、現在の内局にあたるスタッフを設置した。当時、〝ワン・ハンドレッド・スタッフ〟と呼ばれたこの予備隊本部が、警察予備隊の人事、予算、作戦など全てを管轄事項することになった。これが、日本における文民統制の始まりである。

日本政府は、警察予備隊の総括責任のポストはともかく、実戦部隊を指揮するトップに文官を任用することに全く不慣れであった。そのため当初、増原長官自身もスタッフ（文民＝文官）とライン（制服）とを区別する文民統制の概念を理解できないままであったという（フランク・コワルスキー『日本再軍備』一九六九年）。

スタッフとラインを区別したことは、戦前期の軍事機構で言えば、軍政（予算・装備など）担当の陸・海軍省と、軍令（作戦立案・部隊指揮など）担当の陸軍参謀本部・海軍軍令部とが持っていた権限をラインから切り離して、スタッフつまり内局に一元的に集中したことを意味する。この時、本部長官を直接補佐するラインの制服部局は設置されなかった。それが可能であったのは、次のような理由があったからである。

すなわち、第一には、旧内務省の警察官僚によって警察予備隊のスタッフが固められ、文字通り警察の予備隊として、その役割も「警察の任務の範囲」を脱するものでないとされたこと、第二には、警察予備隊の創設がアメリカの強い要請と指揮の下で実行され、事実上の再軍備の第一歩を踏み出すに当たって、戦前期日本の軍事機構ではなくアメリカ軍の組織構成をモデルとしたこと、第三にはアメリカを筆頭とする連合軍諸国や何よりも日本政府の中に、旧軍人や旧軍事機構の復活・復権への強い警戒感が存在したこと、などである。その意味で、文民統制の概念や制度の導入があったからこそ、警察予備隊の創設という再軍備が可能となったとも言える。

その後、警察予備隊は、すでに創設されていた海上警備隊と統合されて一元的運用を図ることが企画され、一九五二（昭和二七）年八月一日に総理府の外局として保安庁が設置された。

さらに、海上警備隊も海上保安庁から移管されることになり、名称も警備隊と改められた。そして、警察予備隊も同年一〇月一五日に保安隊と改称する。これを統轄する保安庁は、内局と第一幕僚監部（保安隊・陸）と第二幕僚監部（警備隊・海）から編成されることになった。

これら陸・海二つの幕僚監部の創設は、早くも軍令機構の復活に道を拓くものと言えた。陸上定員約一一万人、海上定員七五九〇人、しかも陸上部隊の四割が北海道に配置されるなど、ソ連を意識しての布陣からは、その軍事色が明らかであり、同時に制服部局の整備も進められていくことになったのである。

任用資格設定と「訓令第九号」通達

しかし、形式上は文官と武官の対等性が謳われたものの、実際には保安庁法や内局任用資格（武官の内部部局への任用制限）などによって、内局の優越が明らかにされていた。具体的には、「保安庁法」の第一六条六項において、保安庁の長官、次長、官房長、局長、課長の任用資格条件として、「三等保安士以上の保安官又は三等警備士以上の警備官の経歴のない者のうちから任用するものとする」とする規定が設けられたのである。これは、文官スタッフ優位型の文民統制を最初に条文化したものであった。

また、一九五二年一〇月七日、吉田茂首相名で提出された「保安庁訓令第九号」は、保安庁の長官や各局と幕僚幹部との事務調整に関する訓令であり、幕僚幹部（武官）は防衛官僚（文官）を通さなければ、長官への報告や提言を行うことが出来ないとされた。同時に制服組が国会や他省庁と接触してはならない、とする内容であった。言わば、文官が武官と政治家や保安庁以外の官僚たちとの交流を禁じたものであった。そのことは直ちに文官による武官の動きを封じるものであった。なお、この文官優位システムの象徴であった「保安庁訓令第九号」は、一九九七年六月に時の橋本龍太郎《はしもとりゅうたろう》内閣時に廃止されるまで、四七年間ほど実効性を維持した。

こうした欧米諸国で通常実施されている文民統制とは、事実上異なった形態が導入された背景には、戦前の教訓として軍人が政治介入し、軍人（軍部）主導の政治が強行された結果として戦争に踏み切り、国土を焦土と化すに至った深刻な歴史体験があった。

このように日本の文民統制は、国民による選挙で選出された国会議員ら文民政治家による軍隊統制ではなく、国民に直接の責任を負っていない防衛官僚（文官）たちによる統制として始まった。その意味で「文官統制」と称される場合が多い。これに対しては、文官統制は文民統制の本来の主旨と異なる制度であるという批判が、特に制服組から強くなされてきた。

しかしながら、防衛官僚たちは形式の上では法遵守義務を負う国民の公僕であり、また、国民に選出された国会議員のサポーター役である。文民それ自体の定義も多様であるが、文官は文民に従属する地位にあることは間違いない。そこから、日本においては文民統制により有効性を確保するために、「文官統制」と称される制度が採用されていると見ておくべきであろう。

その後、一九五二年七月三一日、保安庁法（法律第二六五号）が成立し、翌八月一日に保安庁と海上自衛隊の前身となる警備隊が創設された。そして、一〇月一五日、保安隊が発足した。警察予備隊が国家地方警察や自治体警察の補完的な役割を担うことが期待されていた（警察予備隊令第一条）。これに対して、保安隊は「わが国の平和と秩序を維持し、人命及び財産を確保する」（保安庁法第四条）と規定されたように、警察的な役割から国家防衛を担う軍隊的な役割期待へと位置付けの転換が図られることになった。

その背景には朝鮮戦争以降、アメリカと中国、さらにはアメリカと旧ソ連との関係の悪化が顕在化してきたことによる。保安隊への名称変更は、内実の転換でもあったのである。

文官優位システムの確立

こうした役割変化にも憲法第六六条二項の「文民条項」が適用され、保安庁長官を国務大臣とした。そうすることで保安隊という準軍隊的な組織を文民が統制することが確認された。とりわけ、保安庁には幕僚長をトップとする第一幕僚監部（陸上）と第二幕僚監部（海上）とが設置され、そこでは背広組（文官）だけでなく、制服組（武官）も長官を補佐する体制が導入されることになったからである。

ただ、ここでも文官優位のシステムは「保安庁法」の第一〇条によって明確にされていた。また、長官・次長・官房長・局長・課長は、三等保安士以上の保安官又は三等警備士以上の警備官の略歴を保持しない者から任用する規定が盛り込まれていた。先述したように「保安庁訓令第九号」をも含め、この文官優位システムを堅持するためのものであった。

このように文官優位システムの履行が強化確認されたのは、保安庁創設を境に軍事組織としての内実を整え始めたことへの文官からの警戒心があったからである。すなわち、保安庁が防衛庁・自衛隊に改編される過程で、一九五三年一一月、保安庁第一幕僚監部は内局に対し、創設予定の陸・海・空三自衛隊を統合運用（軍令事項）するため、保安庁に統合幕僚会議を新設することを進言した。

さらに第一幕僚監部は、官房長および内局各局は軍令事項以外の軍政事項のみを取り扱うこととする、という軍令・軍政の分離案を提出している。この制服組からの強い要請は、結局は内局（文官）側からの抵抗で受け入れられず、逆に文官スタッフの優位を基本とする文民統制の枠組みが一層固められることになったのである。

二つの幕僚監部にしても、「保安庁法」の第一〇条において、文民である保安庁長官が、「保安隊及び警備隊の管理、運営について、基本的方針を定めて、これを第一幕僚長又は第二幕僚長に指示し、各幕僚長は、それに基づいて、方針及び基本的な実施計画を作成する」と規定されていた。つまり、保安庁長官を補佐する文官の内局と武官の幕僚監部の二つの機関の上下関係が明らかにされていたのである。

これに対して、制服組が諸政党をも巻き込む形で反撃に出た。その嚆矢は、一九五三年九月二七日、当時の自由党・改進党・日本自由党の三党による保安庁法の改正による防衛庁と自衛隊の創設構想である。これら保守三党のなかで、改進党は文官優位システムには批判的であり、これを堅持する方針を掲げていた自由党とは対立していた。つまり、文官と武官との鬩ぎ合いは、保守政党をも巻き込む格好で表面化してきた。

一九五四年七月一日に「防衛庁設置法」と「自衛隊法」（防衛二法）が施行され、保安隊に替わって自衛隊が創設された。その過程で制服組は、「保安庁法」第一六条の任用資格制限の撤廃を主張したのである。当然ながら、内局はこの制服組の主張に猛烈に反発したが、制服組に肩入れした芦田均に代表される文民政治家たちの動きもあって、結局のところ制服組の主張が通ることになった。

防衛参事官制度の導入

こうした動きを察知した背広組は、これに先立ち同年六月九日の「防衛庁設置法」(法律第一六四号)のなかで、いわゆる「防衛参事官制度」の導入を図った。それは、「防衛庁設置法」第九条(参事官)の二項において、「参事官は、長官の命を受け、防衛庁の所掌事務に関する基本的方針の策定について長官を補佐する。」と規定して八名の参事官を置くとしたものであった。

内部部局(以下、内局と略す)の各局長が参事官となり、一体となって「長官補佐」にあたるとしたうえで、その中軸的や役割を担った防衛局の所掌事務として、第一二条では、「一　防衛及び警備の基本及び調整に関すること。二　自衛隊の行動の基本に関すること。三　陸上自衛隊、海上自衛隊及び航空自衛隊の組織、定員、編成、装備及び配置の基本に関すること。四　前各号の事務に必要な資料及び情報の収集整理に関すること」の四点が挙げられていた。ここにおいて内局＝文官優位のシステムが改めて確定されたのである。内局の巻き返しが行われたと言って良い。

さらに注目すべきは、内局における自衛官の勤務について、第一九条(内部部局における自衛官の勤務)において以下の条文を用意することになった。

第一九条　長官は、必要があると認めるときは、陸上幕僚監部、海上幕僚監部若しくは航空幕僚監部又は第二十九条に規定する部隊若しくは機関（以下本条及び第二十三条第一項第四号において「部隊等」という。）に所属する自衛官を内部部局において勤務させることができる。

2　前項の自衛官は、その職務についてはその勤務を命ぜられた部局の長の指揮監督を、その身分上の事項についてはその所属する幕僚監部又は部隊等の長の監督を受けるものとする。

一項の内容は額面通りに受け取れば、制服組が内局入りを可能にした点では制服組の〝勝利〟であった。けれども、内局官房が人事権を握っている関係で、ただちに自衛官が内局入りすることは無かった。任用資格制限撤廃に見られるような制服組の攻勢に対応するため、内局はアメリカ国防総省の次官補制度を参考にして、「防衛庁機構の基本構想」と題する文書を作成し、防衛庁の「文民統制」を保障する制度として、防衛参事官制度の導入を決定した。

そこでは、自衛官（制服組）の内局勤務を可能としつつ、二項において、その場合は履行する職務に関しては部局の長（参事官）の指揮監督を受けるものと規定されたのである。このように文官は徹底して自衛官への指揮監督の徹底による統制を貫徹しようとしたのである。そして、さらには第二〇条（官房長及び局長と幕僚長及び統合幕僚会議との関係）において、以下の四項目を規定した。第一九条一項よりも、こちらの方に比重が据えられたと見ることができよう。

一　陸上自衛隊、海上自衛隊又は航空自衛隊に関する各般の方針及び基本的な実施計画の

作成について長官の行う陸上幕僚長、海上幕僚長又は航空幕僚長に対する指示
二　陸上自衛隊、海上自衛隊又は航空自衛隊に関する事項に関して陸上幕僚長、海上幕僚長又は航空幕僚長の作成した方針及び基本的な実施計画について長官の行う承認
三　統合幕僚会議の所掌する事項について長官の行う指示又は承認
四　陸上自衛隊、海上自衛隊又は航空自衛隊に関し長官の行う一般的監督

これらの規定により、それぞれの役割と支持・命令関係が明らかとされ、文官統制の示すところが明確にされたのである。つまり、〈長官→内局（参事官）→制服組〉のラインにおいて、内局が長官と制服組の間に割って入る格好となった。その後、しばらく目立った動きを見せなかった制服組だが、一九六〇年六月一九日の新安保条約の成立を受けて、アメリカ軍との共同体制構築の必要性を理由に、あらためて軍令事項を所管する権限の確保を要求しはじめた。

主な要求項目を要約しておけば、第一に文官統制の実体を改めるため、官房や内局各局の取り扱い事項から部隊運用関連の事項（軍令事項）を外すこと、第二に内部部局に統合幕僚会議事務局と各幕僚監部を加えること、第三に官房長や各局長の統幕会議に対する統制補佐権を廃止し、代わりに統幕会議を防衛庁長官の直属最高幕僚機関として位置づけること、第四に統合幕僚事務局を統合幕僚局あるいは統合幕僚本部と改称したうえで内部部局に加えること、などである。

制服組の狙いがどこに置かれているか、一目瞭然であろう。

要は、文官スタッフ優位制を基本とする文民統制を実質廃止して、文官と武官の両立性・平等

性を求めているのである。それによって軍令事項の独占と、軍政事項への介入の余地をも探ろうとする意図が透けて見える。

ところで、防衛参事官制度の組織としての特徴として、業務の遂行に直接関わるメンバーで階層化された命令系統を持つラインと、専門家の立場からラインの業務を補佐するスタッフとが混在していることである。

つまり、防衛参事官は本来スタッフであるが、同時に防衛局長はじめ各局長としてラインをも形成している。組織論からしては、ラインとスタッフが混在している格好だが、長官と各幕僚長との間に割って入る形を採る結果となったのである。防衛参事官制度が施行されて以降、一段と制服組の背広組への反発が深まることになった。

統合幕僚会議の見直し

あらためて確認しておきたいことは、現行憲法は武力組織＝軍隊の存在を否定しており、当然ながら軍隊の統制を規定した条文も項目も不在であることである。しかし、憲法には先ほど記した経緯から、第六六条二項の文民条項が存在する。

なお、ここで言う「文民」とは、「①旧陸海軍の職業軍人の経歴を有する者で、軍国主義思想に深く染まっていると考えられる者、②自衛官の職にある者、以外の者を言う」（昭和四八年一二月七日、衆議院予算委員会理事会）とする。また、シビリアン・コントロールの現状認識については、「①内閣総理大臣及び国務大臣は憲法上すべて文民でなければならないこと、②国防に関する重要事項については国防会議の議を経ること、③国防組織である自衛隊も法律、予算等について国会の民主的コントロールの下に置かれていることにより、原則は貫かれている」（同右）とされている。

防衛庁設置法および自衛隊法により、防衛庁は憲法第六一条の規定から文民の国務大臣である防衛庁長官をトップにし、同じく文民の防衛庁副長官が長官をサポートする。そして、防衛庁組織のトップで、文民官僚（文官）である防衛事務次官が自衛隊の指揮監督権を保持する。防衛庁長官の所掌事務に関して直接補佐するのは、先に述べた八名の参事官である官房長や局長である。これら一〇名は全員が文官である。

自衛隊組織のトップである統合幕僚会議議長は、同会議の会務総理を職責とする。陸・海・空各自衛隊の最高責任者である幕僚長は、各自衛隊の隊務に関する助言者として防衛庁長官を補佐する。しかし、参事官が保持する防衛庁の所掌事務全般に関しては、長官を補佐する立場には置かれていない。

より具体的に言えば、防衛政策、自衛隊の正面装備、人事、経理などだけでなく、作戦運用など軍事専門事項に関しても幕僚長ではなく参事官の管掌事項とされている。一方、アメリカ国防総省（通称、ペンタゴン）は、大統領を最高司令官とし、制服組のトップである統合参謀議長による直接大統領への意見具申や補佐が実行される仕組みとなっている。

一九五四年の自衛隊創設時、文民統制に関する問題として、防衛出動や治安出動の際には国会の承認を必要とすること、また、自衛隊の管理権は総理大臣の指揮を受けて、内閣閣僚の一員である防衛庁長官が担当すること、などの規定が明文化された。

そこで、自衛隊の出動には、指揮・命令権を持つ内閣総理大臣が決断し、執行者である防衛庁長官の直接補佐を内局が担い、各自衛隊への下達は長官の指示により各幕僚長が行うことになっている。統幕議長には三自衛隊の統合運用権も、隊務全般の統合調整権も与えられていない。実は、ここが従来から制服組が抱く不満の根源である。

こうした制服組の不満を一部でも解消する試みが、現行の統合幕僚会議の見直しである。その結果として二〇〇六年三月二七日に統合幕僚監部を創設。統幕会議および統幕会議議長に新たな役割を与えようというのであった。

骨抜きされる文民統制

従来の統合幕僚会議は、隊員の服務については監督できるが、部隊運用など直接その自衛隊を指揮監督することはできない。それで、防衛および警備に関する計画の立案、隊務の能率的運営の調査及び研究、部隊などの管理及び運営の調整、長官の定めた方針または計画の執行などに限定されてきた役割を拡げようというのである。ここには、文官から構成される内局に対抗して制服部局の権限拡充を図り、内局とのバランスを採ることで軍事行政への本格参入を果たそうとの狙いがある。

すなわち、統合幕僚会議議長に三自衛隊の統合運用が可能な権限を与え、単なる合議体でなくする方向が打ち出されているのである。名称も統合幕僚会議から統合幕僚監部（Joint Staff Office

JSO）に、統合幕僚会議議長から統合幕僚長と変更された。因みに、統合幕僚監部は、外国軍の統合参謀本部、統合幕僚長は統合参謀総長に相当する。現在の統合幕僚長は、安倍首相の意向を受けて集団的自衛権行使容認や安保法制の制定に一役かった河野克俊《かわのかつとし》海将に代わり、今年（二〇一九年）四月一日に就任した山崎幸二《やまざきこうじ》陸将（前陸幕長）である。

このように、戦後の再軍備と軌を一つにして導入された日本の文民統制は、その本来の役割期待から大きく逸脱し、全く装いを新たにしたものに改編されようとしている。要するに、文民統制とはとても呼べない中身にされようとしているのである。それを制服組幹部や、これを支持する政治家たちが「見直し」や「改革」と言い繕う。

だが、本来の文民統制を骨抜きにするものであることは間違いない。そこでは軍事合理性だけが求められ、民主主義と軍事との共存への視点が全く欠落している。そればかりか、軍という武力組織による市民の安全確保の可能性の是非を真剣に問う、という姿勢が希薄なのである。

文民統制の内実を問う

以上で戦後日本の文民統制が生み出された経緯と、その実態が文官統制であることを追ってきた。そこでは欧米の民主主義諸国のシビリアン・コントロールとの違いも明らかになったと思う。その場合、シビリアン・コントロールに一定の理解と必要性を感じていたとしても、日本の文民統制との差異を肯定的に捉えるか、反対に否定的に捉えるか、で議論も別れよう。

但し、確認しておくべきは日本の文民統制が文官統制という実態を踏むことによって、言うならば「軍隊からの安全」を確保したい、とする姿勢が防衛官僚に留まらず、広く国民意識や世論のなかで熟成されてきたことも確かであろう。それが腫れものに触れるような感覚で、軍事がある種のトラウマとなり、その歴史体験が文民統制あるいは文官統制と称しようが、必要不可欠な制度だとされてきたと見てよいであろう。

既に触れた通り、防衛省設置法第一二条の改正は、文民統制を否定するものではなく、現行の文官統制を問題にしているのだと政府や制服組は主張する。それでは事実上文官統制を廃止して、本来の文民統制という政軍関係の基本原理が確実に担保される保障はあるのだろうか。

言い換えれば、国会による統制、政府による統制など、文官統制に代わるべき統制が実質的に可能だろうか。最高指揮官が文民である首相ということで文民統制が実質機能するのか、という問いである。

憲法と自衛隊との関係に関する議論はここでは一旦棚上げしたとするならば、具体性を欠く文民統制によって、集団的自衛権行使に踏み切り、安保関連法案の改正により、海外派兵を強く志向し始め、日米同盟の履行により自在に海外展開を模索する自衛隊を、国民や世論が抑制し、統制することが可能とは思われない。

もし可能性があるとするならば、自衛隊制服組が高度職能集団として民主主義社会の原理原則に適合する組織原理を獲得していることである。そうでなければ、国民も世論も軽々には、「軍隊による安全」を求めることは不可能であろう。

もう一つの問題は、日本の文官統制の実態が、すでに統制機能から調整機能の領域に転じていることである。是々非々の判断を防衛大臣が下すためには、国際社会や日本の将来を展望する視角からの判断を補佐役としての内局が助言するし、軍事情報に関する事象については制服組が内局との情報提供・情報共有を完全にすることで内局を補佐するという明確なラインの形成が必要であろう。

とりわけ、一九九一年一月の湾岸戦争、二〇〇一年九月一一日の世界同時多発テロ、二〇〇三年三月一九日に開始されたイラク戦争の勃発などに関連して自衛隊の活用が大きな課題となってきた。そして、北朝鮮とアメリカの対立は取り敢えず緩和される方向が明らかになりつつあるが、二〇一九年現在、今度はイランとアメリカとの間に軍事的緊張が高まっている。

集団的自衛権行使容認や安保法制の成立以後、こうした一連の軍事的危機に日本自衛隊が自らの望む方向とたとえ異なっていたとしても、そうした法制度や日米同盟関係ゆえに、アメリカとの共同作戦を強いられる可能性が飛躍的に高まっている。

しかも自衛隊制服組のなかには、こうした機会が自衛隊を一躍戦える〝軍隊〟あるいは日本国防軍としての地位を獲得し、国民からの一層の認知と支持を獲得する機会だと捉える幹部らも存在していよう。そうした制服組幹部からすれば、表向きの姿勢と違って、本音ではこの機会にこれまでの文官統制による縛りから解放されて自在に活躍の舞台を選定したい、とする要求も高まっていると見ていいだろう。

そうであればこそ、どのような方法であれ文民統制の実質化は、益々不可欠になってこよう。だが、そうしたこととは真逆の方向性が明らかにされて実は久しい。

例えば一九九七年一月三〇日における橋本龍太郎首相による「訓令第九号」の廃止、一九九七年の参事官制度廃止要求を促した石破防衛長官の言動、そして、防衛省設置法第一二条改正による文官統制の廃止への動きを先導する安倍首相など、文民政治家による日本型文民統制の廃絶が試みられてきた。

そこには民主主義との矛盾、高度職能武力集団である自衛隊統制の必要などに、余りにも無頓着な姿勢が目立つ。一方、自衛隊側にしても、高度職能武力集団としての専門性に特化することで、政治的と推測される行動を厳に慎む姿勢と組織原理の民主化への努力を図るべきであろう。

『防衛白書』の記述内容

それでは日本政府や防衛省の文民統制への認識は、本当に変化しているのだろうか。

一九七〇（昭和四五）年から現在まで毎年発行される『防衛白書』には、必ず「文民統制」の項目が用意されてきた。それを追うと防衛庁（防衛省）の文民統制への捉え方に変化が看て取れる。

例えば、『防衛白書』の一九七〇（昭和四五）年度版には、「2　自衛隊の特色」の項には、「政治が軍事を統制するのは民主主義国家の鉄則である。われわれが歩んできた過去を顧みて忘れてはならない教訓は、戦前における政治と軍事、外交と軍事の関係である」としたうえで、より具体的な歴史の教訓として、「旧憲法においては、統帥権独立の原則が確立されており、軍の作戦用兵に関する事項に限らずそれ以外の軍に関する事項についても、内閣や議会の統制の及びえない範囲が広くみとめられていた」と記されている。

こうした歴史事実から、「政治と軍事、外交と軍事の関係を正しく律すること、すなわち軍事に対する政治優先の原則の確立とこれを正しく運営することにある」と明言していた。

より具体的には主に文官から構成される国防会議が国防に関する重要事項を審議する機関とされ内閣に国防会議が置かれた。国防会議を開催して内閣統制と言える形式を踏むことで、文民統制が実体化されたのである。

次いで、二〇〇三年（平成一五年）度版では、「その他の基本政策」の項に、（1）専守防衛、（2）軍事大国にならないこと、（3）非核三原則と並んで、（4）文民統制の確保が挙げられている。すなわち、「文民統制は、シビリアン・コントロールともいい、民主主義国家における軍事に対する政治優先又は軍事力に対する民主主義的な統制を指す」と明快に記述されていた。

文民統制を実行するためには、「防衛庁では、防衛庁長官が自衛隊を管理し、運営するに当たり、副長官及び二人の長官政務官が政策及び企画について長官を助けることとされている。また、事務次官が長官を助け、事務を監督することとされているほか、基本的方針の策定について長官を補佐する防衛参事官がおかれている」として、防衛参事官制度を紹介している。

自衛隊統制の方法

要約すれば、自衛隊は文官である防衛庁長官、副長官、長官政務官（二名）、事務次官、防衛参事官などが防衛庁長官を補佐する体制が整備されていることが記されている。文官統制の名称こそ用いられていないが、文字通り文官による自衛隊統制が完全を期しているとする書きぶりである。

ところが、次年度の二〇〇四（平成一六年）度版では、明らかな様変わりが行われた。すなわち、前年度における「防衛庁は」で始める部分が、「防衛庁長官が自衛隊を管理し、運営している。その際、副長官と二人の長官政務官が政策と企画について長官を助けることとされている」と記述が簡略され、「防衛参事官」の名称も消滅している。「副長官と二人の長官政務官」は政治家（文民）であり、事務次官と防衛参事官（文官）が自衛隊統制の役割から除外された格好となっている。

記述内容の変化の背景に、制服組と背広組との綱引きがあったことは本書でも追ってきた通りだ。それが『防衛白書』で端的に示されていた。要するに、文民統制の主体は文民である政治家であって、事務次官他の文官ではないとする制服組や、これを支持する政治家たちの意向が強く反映されているのである。

防衛参事官制度の廃止は、すでに本書で述べてきたように、石破防衛庁長官（当時）の決断とされている。政治家である石破防衛庁長官（文民）が制服組（武官）の主張を受容したのである。防衛参事官制度に示された文官統制は、政治家と制服組の連携のなかで廃止された。

そして、二〇一四（平成二六年）度版では、「防衛省では、防衛大臣が国の防衛に関する事務を分担管理し、主任の大臣として、自衛隊を管理、運営する。その際、防衛副大臣、防衛大臣政務官（2人）及び防衛大臣補佐官が政策、企画および政務について防衛大臣を助けることとされている」と記して文官統制ではなく、文民統制を強調する。

そして、防衛会議では、「防衛大臣のもとに政治任用者、文官、自衛官の三者が一堂に会して防衛省の所掌事務に関する基本的方針について審議することとし、文民統制のさらなる徹底を図っている」（傍点引用者）と明記している。傍点の文言により、文官統制の事実上の廃止と、文民（政治家）・文官（背広組）・武官（制服組）の三者が一体となって防衛行政を担うとしたのである。そこでは決して文官を排除するのではなく、対等性を担保した内容となっていた。

因みに、防衛会議は、二〇〇九年六月三日に公布された「防衛省設置法等の一部を改正する法律」（法律第四四号　施行は同年八月一日）の第一九条二項により設置された。それは防衛大臣の求めに応じて防衛省の所掌事務に関する基本的方針と、防衛省全体の見地から必要があると認める時の防衛省の所掌事務に関する基本的方針を策定する役割が与えられている。

こうした記述から見る限り、広義における文民統制の在り方を見直し、文民統制＝文官統制という日本型文民統制の廃止をすでに決定する方向を踏まえ、防衛省設置法第一二条の改正が提案されたと言える。

安全保障環境の変化とは

安保法制関連法の制定、集団的自衛権行使の容認など、安倍政権による思い切った外交防衛政策の打ち出しの背景には、安全保障環境の変化を指摘することが多い。そのことと、戦後日本の文民統制を支えてきた文官統制に大きな修正を加えようとしていることとは無関係ではない。安全保障環境の変化を、どのように捉えるかも問題だが、言うところの変化を外圧とし、そして政府組織による文官統制への批判を内圧として、自衛隊組織の強化と軍事主義に傾斜した安全保障政策の提唱が進められているのである。

同時に踏まえておくべきは、日本型文民統制としての文官統制なり文官優位システムが、背広組と制服組の対立あるいは不協和音のなかで成立してきたことである。その理由として、戦後日本の政治家が、特に池田隼人内閣以降における経済成長第一主義のなかで、防衛問題について意図的に無関心を装い、真剣に向き合わず、それを文官である防衛官僚に一任してきたことも指摘しておかなければならない。

政治家は防衛問題あるいは軍事問題の領域に通常において深い知識を獲得しようとしなかったし、むしろ忌避することに懸命でもあった。それは国民意識および世論においても同様であった。かつての戦争体験から軍事への拒否感情が先行するあまり、防衛問題や軍事問題への関わりを持とうとしなかったことも、逆に防衛官僚への依存体質を身に付ける結果となった。また、平和憲法を堅持することで平和が担保される、とする期待感が防衛問題への接近にブレーキをかけてきたのではないかとも思われる。

他方、防衛関係者も制服組でも背広組でも同様であって、湾岸戦争（一九九一年一月）頃まで、防衛政策と言えば、如何に防衛予算を積み上げ、中期防衛力整備計画に従って正面整備の充実と自衛官の育成を果たしていくかが主要な関心事であり続けた。その間にも、確かに背広組と制服組との対抗は続いていたものの、そこでは国家や市民社会にとっての安全保障に、どのような関わり方をするのが妥当かどうか、といった視点からする議論は背景に追いやられたままであった。

つまり、文官統制の在り方をめぐる両者の鬩ぎ合いは、所詮補佐体制を巡る綱引きに過ぎず、日本国民の安全保障を如何に確保するかの論点整理はなされないままであった、と言うことだ。

従って、文民統制の問題を背広組と制服組との対抗関係の延長線上に捉えるのは、木を見て森を見ない議論と言える。肝心なことは、成熟した民主主義社会における軍隊の役割をどのように位置づけるのか、という根本的な命題にどう応えていくのか、である。この問題を考えるにあたっては、なぜ文民統制が必要なのかを別の観点から繰り返し検討しておこう。

2　なぜ、文民統制は必要とされるのか

シビリアン・コントロール論の出自

以上で述べてきたように、戦後一貫して揺さぶりをかけられながらも、文民統制は辛くも維持されてきた。しかし、日本型文民統制としての文官統制あるいは文官優位システムが見直されたことも事実である。

そのことが、広義の概念である文民統制（シビリアン・コントロール）の形骸化もしくは機能低下に結果していないかを検証する必要があろう。言い換えれば、先に紹介したように、防衛省設置法第一二条の改正により、文民統制が強化された、とする政府側の説明は合理的な判断なのかという問題である。

ここに至っては、やや遠回しの作業となるかも知れないが、あらためて、なぜ、文民統制が必

要なのかについて、その語源であるシビリアン・コントロールの用語に拘《こだわ》りながら考えてみよう。現在の文民統制の議論において、安倍首相やかつて防衛大臣を務めた中谷元《なかたにげん》衆議院議員、あるいは制服組の基本認識である文民統制と言う場合には、国民から付託された政治家のみが文民統制の主体であって、選出勢力でもない防衛官僚（文官）が制服組を統制することは、本来の文民統制から逸脱している、とする議論の正当性をも検討してみる。

日本でも話題となった『文明の衝突』の著者であるサミュエル・ハンチントンは、代表作『軍人と国家　上・下巻』（市川良一訳、原書房、一九七八年刊）において、「シビリアン・コントロールの本質は政治上の責任と軍事上の責任を明確に区別することであり、また後者の前者に対する制度的な従属である」と定義した。ここには、シビリアン・コントロールの意味と目的が簡潔に示されている。

それで、この定義に辿り着くまでに至った背景には、どのような歴史事実があったのだろうか。第二次世界大戦で連合国を勝利に導き、国際社会でのアメリカの地位を一気に引き上げる立役者であったアメリカの軍部が、戦後アメリカにおいて政治力を身につけ、民主主義のルールを無視して暴走することに危機感を抱いていたハンチントンは、いち早く政治が軍事を統制する規範や原理を理論化する作業に取り組んだ。

ハンチントンの他にも、同様の危機感を抱いていたアメリカの識者は少なくない。

例えば、ジャーナリストのトリストラム・コフィンは戦後アメリカの社会の軍事化ぶりを『武装社会』（遠藤正武他訳、サイマル出版会、一九六九年刊）と題する書物で強調した。その副題は、「アメリカ軍国主義の告発」である。また、軍人出身の大統領であったアイゼンハワーも、軍部と産業界の強い結びつきの結果できあがった軍産複合体と称する危険な権力体の存在に注意を促したことは、よく知られている。

こうした戦後アメリカの軍事化の傾向に歯止めをかけるため、政治による軍事統制を理論化する研究が活発となっていた。そのハンチントンが提起した理論が「政軍関係論」(Civil-Military Relations) と呼ばれるものである。それは、民主主義社会と軍とが共生可能な方法を見出そうとするものだった。

つまり、非武装化された市民と武装した軍との関係において、市民優位の原則を保つためには、何らかの制度や原則が必要だと考えられたのである。そこでの争点は、軍が政治に従属することの合理的な根拠をどこに見出し、軍をどう説得していくのか、という問題であった。

軍隊への警戒と不信

議論の対象としてシビリアン・コントロールの考えが広まったのは、第二次世界大戦後であったが、軍隊をどのように統制するのか、という課題については長い議論や研究の歴史がある。そのことをもう少し歴史の事実のなかに捜してみよう。

最初に強調しておきたいことは、世界史においては軍の存在自体を危険なものと見なし、これを排除または解体する立場が多くの知識人や思想家によって表明されてきたという事実である。

例えば、民主主義の基本原理である三権分立を説いたフランスの啓蒙思想家シャルル・ドゥ・

モンテスキューは、『法の精神』（野田良之訳、岩波文庫、一九八九年）で、肥大化の性質を持つ常備軍の危険性と、それに伴う財政負担の増大、国家と市民から孤立する軍を中核とする軍国主義への警戒心を説いていた。

また、ドイツの哲学者であるゴットベリ・フィヒテは、一八〇六年のナポレオンのドイツ侵攻にあたって有名な「ドイツ国民に告ぐ」演説（同演説は、二年後に同名で出版された）で、軍人ナポレオンが君臨する軍事国家フランスへの強い不信感と警戒心を示している。

軍が単なる戦争の道具に過ぎなかった時代から、特に軍が政治の道具として頻繁に使われるようになった近代に入って、軍が独自の行動を起こす傾向が目立ち始める。力を蓄えた軍は、時に政治権力を奪い、自ら政権を担う事例が近代国家成立以降において世界各地で見られるようになった。

民主主義の政治や制度・組織をあくまで守り続けるためには、国家社会のなかで一定の役割を担い、重要な位置を占めるようになった軍をどのように統制するか、あるいは政治と軍事との間に緊張や対立の関係ではなく、妥協や協調の関係をどのように築くのかが課題となっていたのである。

ここからシビリアン・コントロールの考えの根底には、軍に国家安全保障を担う存在として、ある程度の役割と期待を求める一方で、民主主義社会にとって大変厄介な存在としての軍を、どのように統制していくのかという困難な課題があった。そこには、軍の統制の方法を一歩誤れば、民主主義社会が足下から崩されてしまうという恐れがあったのである。

その統制方法については、力づくによって政治への従属・服従を強いる方法と、政治と軍事の関係を、あくまでシビリアンの優位を前提としつつ相互の歩み寄りにより、あるべき関係を実現しようとする方法とが考えられる。

それで、前者の場合は何よりも軍の政治への信頼が条件となる。

だが、専門的職能集団であり、団結力の極めて強固な組織体である軍が、世論をはじめとする様々な要素によって様変わりしてしまう政治への信頼を保ち続けることは希《まれ》である。また、力づくによる軍の統制は、逆に軍の政治への反発を招くことも充分にあり得る。事実、そのような事例を歴史は数限りなく生んできた。

それで後者のように、政治が軍の役割を積極的に評価することを通して、相互に協調関係を築きあげることで、結局は安全を確保できるとの考えが強く押し出されてきた。ただ、このように軍との協調を前提として創り出されたものこそシビリアン・コントロールだ、とする主張が必ずしも有力とは言えない。ならば、シビリアン・コントロールをどのように解したらよいのだろうか。

民主主義の基本原理は、自由・自治・自立であり、動員・管理・統制を組織原理とする軍とは本来ならば相容れない関係にある。その相容れない関係を承知のうえで、それでもあえて良好な関係を築くための方法として、シビリアン・コントロールは採用するしかない制度だと私は考えている。おそらくは完全なシビリアン・コントロールを見出すことは不可能である。それを知りつつも、できる限り有効なシビリアン・コントロールを見出そうとするところから、実に様々なシビリアン・コントロール論や政軍関係論が提起され、議論されることになったと言えよう。

その議論が活発となっていったのは、大方の近代国家において軍の存在をどのように評価するにせよ、国家機構の一部として認めようとする動きが広まって来たからである。近現代史にあって、政治と軍事、言い換えれば政府と軍隊のあるべき関係を模索しようとする試みが活発となってきた。

そこでは、シビリアン・コントロール（文民統制）によって軍事を統制することで軍の存在を容認し、軍事力を政治力の一部として取り込むことがほぼ共通の目標とされてきた。言い換えれば、軍事を自立した領域として捉えるのではなく、あくまで政治の延長として位置づけ、政治からの逸脱を決して許さないことが政軍関係の前提となっているのである。

主要各国のシビリアン・コントロール制度

ここでは目を少し外に向けて、諸外国のなかでシビリアン・コントロールが、どのような形で取り込まれているのか概観しておこう。

先ず、イギリスではピューリタン革命（一六四九年）において、議会軍を背景に護民官の地位に就いたオリバー・クロムウェルがチャールズ一世を処刑して以来、軍への警戒感が強く意識されるようになった。

「権利章典」（一六八九年）には、「平時において、国会の承認なくして国内で常備軍を徴集してこれを維持することは法に反する」（第一条の六）と明記された。つまり、戦争時以外に軍を常備することが、軍の政治利用に結果する可能性を見出したのである。そのために、イギリスでは軍に対する政治統制の方法が検討されるようになった。

こうした歴史的背景もあって、イギリスでは、「年次法」（annual act）と呼ばれる法律を制定し、毎年常備軍の必要性を検討しつつ、存続の理由を確認することになっている（小針司『文民統制の憲法学的研究』信山社出版、一九九〇年）。イギリス国防軍は、この「年次法」によって毎年議会のチェックを受け入れ、その中身を公開することになった。そこでは、軍を常備することの理由を明らかにし、あわせて軍特有の閉鎖性を排することで、市民の支持を得ているのである。このようにイギリスでは議会による軍の統制が実行されていると言える。

アメリカでは独立戦争において非正規軍であった市民軍がイギリスの正規軍（＝常備軍）との戦闘に勝利したことによって独立を勝ち取ったという歴史を通して、常備軍は必要無いことを確認した。また、それ以上に常備軍への警戒心や嫌悪感が国民の間に浸透していった。

そのため、ヴァージニア憲法の権利章典において、「平時における常備軍は、自由にとり危険なものとして避けなければならない。いかなる場合においても、軍隊は文権《シビル・パワー》に厳格に服従し、その支配をうけなければならない」（第一三条）として軍隊と自由の両立が基本的には困難であること、軍隊を保有したとしても「文権」に従うことが自由を確保していく条件であるとの原則を盛り込んだ。さらに連邦憲法では、国民により選出された最高の文民である大統領が、合衆国陸海軍の最高司令官として位置づけられた。基本的にこのスタンスは、常備軍が設置された今日でも変わりはない。

その後アメリカでは軍を誰が統制するかをめぐって、一貫して論争が続けられ、大統領の過剰とも思われる軍に対する統制権を緩和する試みがなされてきた。そうした論争の一方で、アメリカでは特に第二次世界大戦以降において軍産複合体の存在が大きくなり、大統領であれアメリカ連邦議会であれ、軍への統制権の行使は法によって規定されるほど機能していない、とする見解も少なくない。はっきりしていることは、軍の権力と文民あるいは文官の権力との鬩《せめ》ぎ合いは、当分続きそうだということである。

日本と同じ敗戦国となった旧西ドイツ（ドイツ連邦共和国）では、一九五四年に「ドイツ基本法」が改正され、平時においては連邦国防大臣が連邦国軍に対する命令権・指揮権を有し、戦争および非常事態の公布と同時に連邦宰相（首相）に命令権・指揮権を委譲するとされた。ここにシビリアン・コントロールが確立され、基本的に現在まで続いている。

ドイツでは文民統制を「政治指導」（Poltische Instruktion）と解釈しており、連邦議会による議会統制が制度化されている。すなわち、日本とほぼ同時期に実施された再軍備の過程で防衛監察委員の制度が敷かれた。防衛監察委員は「防衛受託者」とも訳される（水島朝穂『現代軍事法制の研究　脱軍事化への道程』日本評論社、一九九五年、参照）。

なお、同委員は、一九一五年のスウェーデン憲法に根拠を持つ軍事オンブズマンに倣《なら》ったものとされ、一九五六年三月一九日、第七次「ドイツ基本法」改正によって憲法上の根拠が与えられた。

連邦議会で選出される六〇名の防衛観察委員は、議会の委任を受ける形で連邦議会と連邦軍との仲介の役割をも果たしながら、事実上連邦軍の指導、訓練、教育、福利厚生などの任務に当たっている。当初、同委員の位置は不安定であったものの、一九八二年六月一六日の「防衛監察委員法」改正で、連邦議会の補助機関として明確にされた。同委員が議会統制を実行する制度として認められたのである。

以上、イギリス、アメリカ、ドイツ（西ドイツ）のシビリアン・コントロール概念の受容レベルや、その実体化について概観した。そこで、共通することは、何れの国も形式上シビリアン・コントロールを軍統制の基本原理としていることである。

しかし、軍を統制する主体の明確さや、方法については差異がある。大統領制を採っているアメリカとフランスでは文民大統領が軍統制の主体であることが憲法において明記されており、言うならば〝大統領統制〟が実行され、ドイツとイギリスでは若干事情が異なるとは言え、議会を主体とする〝議会統制〟が取りあえず機能している。

政軍関係の四つのパターン

このように今日ではシビリアン・コントロールを基本原理とする軍の統制が大方の諸国で一般化している。しかし、別の角度から見た場合、軍を統制する方法は何もシビリアン・コントロールが目標とするような、政治による軍の民主的統制だけに限られるわけではない。

その関係は四つのパターンに分類される（防衛学会編『国防用語事典』朝雲新聞社、一九八〇年）。そのひとつがシビリアンによる軍隊の統制を示すシビリアン・コントロールであり、先ほど述べたイギリス、アメリカ、ドイツ、フランスのような欧米の民主主義諸国家が採用している制度である。二つ目が、旧ソ連、中国、朝鮮民主主義人民共和国（北朝鮮）、旧東ドイツなど社会主義諸国に典型的に見出される党（共産党や労働党など）による統制であり、軍隊の末端部分まで党から派遣された政治委員によって支配・統制されている。

三つ目には、現代におけるミャンマー（旧ビルマ）や、かつての韓国やパキスタンなど、軍事評議会の形式などによって事実上軍が国政を支配しているパターンである。四つ目には、国王（君主）が軍隊を私兵化して自らの権力基盤の中心に据えた、中世や近世期に見出されたパターンである。

本書では、あくまでシビリアン・コントロールを政治と軍事の関係（＝政軍関係）の目標パターンと位置づけている。

そもそも政軍関係論における政軍関係とは、近現代の民主主義が一定程度に確立されていると思われる国家や社会を前提とする。そのような民主主義国家や社会にあっても、軍は時として政治への介入を果たそうとし、民主主義の規範や原則から逸脱・乖離する行動に出ることがある。政軍関係論とは、この点を最大の研究課題とし、軍隊統制という困難な課題への解答を見出そうとするものである。

シビリアン・コントロールの理念と目標

それでは、何がシビリアン・コントロールの理念と目標とされているのだろうか。この点を明確にしておかなければならない。

すでにシビリアン・コントロールが生み出された背景として、戦後アメリカ社会における軍の台頭という問題に触れた。そこでは第一に、軍への脅威感や警戒心が強く意識されていたが、この点では先ほど紹介したハンチントンも同様である。

ただ、ハンチントンが提起した政軍関係論をよく読んでみると、そこにはいかに軍を統制するかが必ずしも優先的な問題として設定されているのではないことに気づく。ハンチントンは、むしろ国家の安全保障を担う軍の役割を高く評価しており、国家の安全は高度でよく訓練された軍によって保障される、とする視点を明確にしているのである。

つまり、国家安全保障という課題を担うのは軍とする立場である。

そこからハンチントンは軍事力を基盤にした安全保障政策（＝軍事的安全保障政策）の重要性を説くのである。実際、ハンチントンは国家安全保障政策立案の担当者としてカーター政権を支えた実績を持つ学者でもある。

そのハンチントンが説く政軍関係論とは、一言で言えば政治と軍事の協調関係をどう築くのか、ということである。そして、そこで示された一つの回答が、政治を軍事に優越する位置に置きつつも（文民優位）、軍事的安全保障という立場から軍の拡充を支持するというものである。言うならば、政治によって軍を管理しつつ、軍事機構の肥大化や軍隊の強化を許容していくというのである。

しかし、ハンチントンが提示したシビリアン・コントロールでは、政治の統制下における軍事力の強化を容認する制度に帰結してしまう。つまり、軍事力を管理はするが、必ずしも抑制することは予定していないのである。文民統制（シビリアン・コントロール）に対しては、常にこの問題がつきまとう。

ハンチントンが政軍関係論を提起した当初においては軍の脅威から民主主義社会や個人をどのように擁護するのか、という問題意識が強く込められていた。

しかし、その後の国際政治の変化や安全保障観の変容から、昨今では国家プレゼンスや外交上の切り札としての軍事力に対する評価が再び高まっている。その意味では、当初軍事力の国内に向けての脅威を削減する手段や制度として発案されたシビリアン・コントロールの意義も、かなり変わってきている点を見逃してはならないということである。

こうした問題を踏まえ、政軍関係の歴史を辿った場合、政治が軍事を毅然として統制すること、より具体的には市民が主体となって軍事を統制・管理する制度や思想の確立なくして、軍事との共存は困難であることを繰り返し確認していくことが必要である。ハンチントンのシビリアン・コントロール論の不十分さや危うさを理解したうえで、軍事に対する民主的な政治統制が、シビリアン・コントロールあるいは文民統制の本来の理念であり目的としなければならない、と言えよう。

そこでは軍事を統制・管理するだけでなく、最終的には軍事の位置を格下げする論理をも見出していく機会として位置づけるべきである。また、政治の延長としての軍事という思考から解放されるための視点を創り出していくことが求められている。こうした点は、終章でも触れることにしよう。

シビリアンとは誰のことか

もうひとつ厄介な問題に触れておきたい。それはシビリアン・コントロールと言う場合のシビリアン（Civilian）とはどのような、また、何を託された存在なのか、と言うことである。そもそもシビリアンとは、一体どのような語源と概念を含意しているのであろうか。

シビリアンとは、単に非軍人あるいは非軍事的な地位にある者と概念規定するだけでは不充分である。そこには、民主主義の理念を念頭に据えた人物、という基本的な条件が満たされなければならない。

その意味ではシビリアン（＝非軍人）であっても、政治による統制に積極的に服従する軍人以上に、ミリタリズムの信奉者で露骨な軍事政策を強行しようとする政治家が存在してきた歴史事実を見出すことは容易である。従って、アメリカの政治学者ルイス・スミスの指摘するように、シビリアン・コントロールとは「適切に表現すれば、それは『民主的な文民統制』というべきもの」（ルイス・スミス〔佐上武弘訳〕『軍事権力と民主主義』法政大学出版局、一九五四年）でなければならない。

従って、シビリアン・コントロールを直ちに文民（＝非軍人）による統制（＝文民統制）とする邦訳からは、そこに含意された歴史経緯や本来的な意味を把握することは困難でもあり、間違いでもある。スミスのように「民主的な統制」あるいは、より徹底した民主主義による軍事統制という意味を込めて、実のところ私は文民統制よりも「民主統制」の用語のほうがシビリアン・コントロールの訳語として、より相応しいのではないかと思っている。

以上で述べてきたように文民統制の語源であるシビリアン・コントロールにしても、そもそも軍をコントロールする主体としてのシビリアンにしても、それが生み出されてからも実に多様な解釈づけが行われてきた。そのことは軍の統制が極めて困難な作業であることを示すものである。

しかし、そこに一貫しているのは、それでも軍を統制することなくして、健全な民主主義社会を築き上げることは不可能である、とする認識である。それこそが、文民統制（シビリアン・コントロール）の定着を求め、これを支持してきた人々に共通する理念であった。その意味でも、文民統制の形骸化は同時に民主主義の形骸化ということになる。

このような視点を念頭に据えながら、次にいま一度戦後日本における文民統制の逸脱の歴史を振り返ってみよう。

第五章　繰り返される逸脱行為

1　揺さぶられ続けた文民統制

本章では戦後日本における文民統制の逸脱事例を追い、これらの個別の事例が、全体として何を意味しているのかを検討しておきたい。

三矢事件の衝撃

その事例として真っ先にとりあげなければならないのは、一九六五年二月一〇日、当時社会党の岡田春夫《おかだはるお》議員が衆議院予算委員会で暴露し、世論から大きな怒りを買った、いわゆる三矢《みつや》事件である。

三矢事件とは、自衛隊の統合幕僚会議事務局長であった田中義男《たなかよしお》陸将を統裁官とし、密かに立案された有事立法研究である。正式名称は、「昭和三八年度統合防衛図上研究」。一九六三（昭和三八）年の二月一日から六月二〇日のおよそ四カ月間、三自衛隊の佐官級を含む合計五三名の制服組が参加して図上研究が行われた。

同研究は第二次朝鮮戦争（朝鮮有事）を想定して秘密裏に実施された。その内容は、事前に準備してあった全部で八七件に及ぶ戦時・総動員立法を制定し、日本の国家体制を一気に軍事体制へと転換させるというものであった。

同研究の柱は、①核兵器使用、②日米統合作戦司令部の設置、③非常事態措置諸法令であり、なかでも③については戦前期の国家総動員法に倣った国家総動員体制の確立、政府機関の臨戦化、戦力増強の達成、人的・物的動員、官民による国内防衛体制の確立などがあげられていた。

社会党などが政府・防衛庁に対し、資料の提出を迫ったものの、佐藤栄作《さとうえいさく》内閣はこれを拒否したことから予算委員会は紛糾した。政府は、九月一四日に秘密保持不全で田中陸将ら二六名の処分を発表し、事件の鎮静化を図った。

ここで最も問題となったのは、「非常事態措置諸法令の研究」の内容が、戦前期の「国家総動員法」（一九三八年四月制定）という戦時法制を模範として作成されていたことと、何よりもその戦後版の法律を国会に提出して一週間程度の間に成立させてしまおうというシナリオが明らかになったことである。さらに、形式上、国会での議決を経て自衛隊による軍政に移行するという「日本有事」におけるシナリオも明確にされていた。

より詳細には、（一）国家総動員対策の確立、（二）政府機関の臨戦化、（三）戦力増強の達成、（四）人的・物的動員、（五）官民による国内防衛態勢の確立、が骨子となっていた。

これを具体化する方策においては、「戦時国家体制の確立」の要件として、国家非常事態の宣言、非常行政特別法の制定、戒厳・最高防衛維持機構や特別情報庁の設置、非常事態行政簡素化の実施、臨時特別会計の計画などを挙げていたのである。さらに、「国内治安維持」として、国家公安の維持、ストライキの制限、国防秘密保護法や軍機保護法の制定、防衛司法制度（軍法会議）の設置、特別刑罰（軍刑法）の設定が検討されていた。

包括的有事法の制定を意図した三矢研究は、要約して言えば労働力の強制的獲得（徴用）と物的資源の強制的獲得（徴発）を行うための政府機関の臨戦化、すなわち、内閣総理大臣の権限の絶対的強化によって、有事徴兵制や事前の徴用と徴発、防諜法の制定、軍法会議・軍事費の確保など、自衛隊が軍事行動を起こす上で不可欠な要件を迅速に実現する狙いが込められていた。それは、憲法を全面否定した内容であり、戦前の戦時法制をそのまま戦後に持ち込もうとしたものであった。

これに対して世論は、制服組の幹部たちが密かに戦前の国家総動員体制を再現させようと画策していたことに大きな衝撃を受け、自衛隊への不信が高めることになったのである。さらに問題となったのは、防衛庁の背広組や防衛庁長官が、このような制服組幹部の時代錯誤的な動きを事前になぜチェックできなかったのか、という点であった。

そこから文民統制が充分に機能していないのではないか、という疑問の声があがったのは当然である。しかし、佐藤内閣が秘密保持不全の理由で事件関係者の処分を発表してから、世論は急速に鎮静化していった。その後、防衛庁は、これを教訓に以後オープンな形で有事法制研究を進めることにしたい、とする海原治官房長の談話（一九六七年六月三〇日衆議院内閣委員会）を発表する。

栗栖発言の意図

三矢事件の後に、マスコミや世論を賑わせた事例に栗栖発言問題がある。当時統合幕僚会議議長の地位にあった栗栖弘臣《くりすひろおみ》（当時）は、雑誌『WING』（一九七八年一月号）などで、「専守防衛と抑止力の保持は併存し難い概念」と喝破して、専守防衛論を正面切って批判したり、統幕議長への就任直前には同議長の地位を国務大臣と同等の認証官への格上げ要求を行ったりと、タカ派的な言動を繰り返していた。そして雑誌『週刊ポスト』（一九七八年七月二八日・八月四日合併号）のインタビューのなかで、「自衛隊は自衛隊法第七六条により首相の防衛出動命令が出ないと武力行使ができないが、いざという場合には間に合わないので超法規的行動をとらざるを得ない」と発言したことが政治問題となった。

因みに、七六条の内容は、「内閣総理大臣は、外部からの武力攻撃（外部からの武力攻撃のおそれがある場合を含む）に際して、わが国を防衛するため必要があると認める場合には、国会の承認（衆議院が解散されているときには、日本国憲法第五十四条に規定する緊急集会による参議院の承認。以下本項及び次項において同じ）を得て、自衛隊の全部または一部の出動を命ずることができる。ただし、特に緊急の必要がある場合には、国会の承認を得ないで出動を命ずることができる」というものである。

いずれにせよこれらの言動は、明らかに自衛隊法や文民統制の原則にも抵触するものとして内外から強い批判が起き、金丸信《かなまるしん》防衛庁長官は七月二五日に、栗栖議長を解任して事態の収拾を図った。だが、その解任が発表された日、福田赳夫《ふくだたけお》首相は閣議の席上で三原朝雄《みはらあさお》防衛庁長官に対し、有事立法研究の促進を指示した。こうして栗栖発言は、むしろ有事立法研究の必要論に拍車をかける結果となった事例として記憶される。

ここであらためて栗栖発言の何が問題か整理しておこう。それには次の諸点が指摘できよう。第一に、自衛隊自らの「防衛出動」への言及は、防衛出動の命令権が最高指揮官である総理大臣にあることを全く無視している、ということである。有事対処が現場の指揮官に委ねられるとすれば、その時点で文民統制を根底から否定されたに等しい。

第二に、制服組の防衛問題に関する意見を具申する権利の有無と、その手続きに関する問題である。いわゆる意見具申権が公務員の正当なる権利だとしても、その方法については、一定のルールの下に実行されるべきことは論を待たない。その場合、統幕議長とはいえ、その上司に相当する防衛庁長官（当時）、さらに厳密に言えば防衛庁長官を補佐する防衛庁参事官にまず意見を上げる手続きが必要である。それが文官統制の原則である。

確かに、「防衛庁設置法」の第二六条一項七号における「統合幕僚会議の所掌事務」には、「防衛に関する情報の収集及び調査に関すること」と規定されており、防衛庁長官の補佐を担うとされているが、これはあくまで一定の手続きを踏んだ上で長官に提示することが原則となっている。栗栖議長は、この手続きを踏まなければならなかったのである。

さらに、栗栖が統幕議長の任免に関し、天皇の認証を必要とする国務大臣及びその他の官吏を示す認証官待遇とすることを要求していたのは、その地位を国務大臣である防衛庁長官と同等とし、防衛庁長官だけでなく自衛隊の最高指揮官である内閣総理大臣に直接に軍事情勢の判断を伝える制度を築きたいとしてのことであった。

栗栖発言は、文民統制からの逸脱行為であることは明らかであったが、彼は、それを承知のうえで、現行の文民統制に風穴を開けるための行動に及んだのではないか、と思わざるを得ない。

事実、栗栖によって開けられた風穴が、前章で触れた海幕長による参事官制度廃止要求となり、そして今日における防衛省設置法第一二条の見直しに繋がったのである。

「訓令」廃止問題と「緊急事態統合計画」

三矢事件や栗栖発言問題が強く記憶される逸脱事例だとすれば、世論がさほど反応を示さなかった事例もまた少なくない。その代表事例を二つだけ取り上げておこう。

一例目は、背広組が制服組に優越する根拠の一つであった「訓令」(「保安庁の長官官房及び各局と幕僚監部との事務調整に関する訓令」保安庁訓令第九号)が橋本龍太郎首相(当時)の指示で廃止されることになり、一九九七年六月三〇日付で防衛事務次官名において防衛庁内に通達された、というものである。この事実は、同年七月二二日の官房長の記者会見で初めて明らかとなった。世論にほとんど関心を引き起こさなかったこの措置は、文民統制の要である文民首相が、文民の統制権を自己否定して見せたとも言える判断であった。

この「訓令」は、一九五二(昭和二七)年七月に当時の吉田茂《よしだしげる》首相が、創設されて間もない保安隊に対する文民優位の原則として発したものであり、各幕僚監部が防衛庁長官に文書を提出する際、まず内局(背広組)が審議する権限が規定されている。これ以後橋本首相による廃止指示までの四五年間にわたり、言うならば文民統制の内容を具体的に示した重要な文書として機能し続けた。

最も橋本首相は、一九七八年九月の「新日米防衛協力の指針」(新ガイドライン)の策定時において、防衛政策を検討する役割を担う参事官の頭越しに制服組幹部を首相官邸に招聘し、協議を重ねた事実がある。首相自身が文民統制の要である参事官制度を反故にしていたのである。こうした事実は以後繰り返されることになる。

二つ目の事例は、二〇〇二年二月二一日付の『琉球新報』が明らかにした、日本防衛上の緊急事態に備えてアメリカ軍と自衛隊との間で交わされた、国会での事前協議を経ないで発動される「緊急事態統合計画」と称する秘密の作戦計画の存在である。

それは、文民統制の基本である民主的統制、具体的には国会による統制を完全に無視した「日米統合作戦計画」がアメリカ太平洋軍司令部の一九六七年の極秘資料に記載されていたことが判明した、というのである。すなわち、『琉球新報』によると、一九六六年が「鉄の盾」、一九六七年が「大きな角」、一九六八年が「森の炎」と命名された「緊急事態統合計画」は、日本の政府が正式に同意すればいつでも発動される作戦計画であった。

問題は、この作戦計画が在日アメリカ軍と自衛隊の統合幕僚会議の代表者間で取り結ばれたことであった。

純軍事的な観点からすれば、軍事当局者が平時から緊急事態を予測して作戦計画を樹立しておくのは当然の行為とされるかも知れない。だが、場合によっては国民の生命・財産を危険に晒す可能性のある軍事発動計画について、政府や背広組の防衛官僚にも秘密裏に軍事当局者だけで計画を進め、しかもこの計画が現在でも基本的に継続されている可能性が濃厚である以上、由々しき問題として政治問題となるべき対象であろう。

一九九九年八月の「周辺事態法」の成立以後、二〇〇三年六月の「武力攻撃事態対処法」、二〇

〇四年九月の「国民保護法」と続く、一連の有事法制との関連も含め、アメリカ軍との軍事共同体制が一気に強化されているように思われるが、実はすでに一九六〇年代半ばから、軍事共同体制が実質敷かれていたのである。その点で言えば、文民統制の形骸化は、すでにこの時から始まっていたと言って良い。

政治に奔走する制服組幹部

二〇〇一年に起きた九・一一同時多発テロ以降、自衛隊が自らの役割について、それまで以上に積極果敢に世論に直接訴えかけるような動きが相次いでいる。この時、海上幕僚監部（以下、海幕）は、密かに空母キティーホークのインド洋出撃の際に付ける護衛、在日米軍基地の警備、防衛を行うために、防衛庁設置法第五条第一八号の「所掌事務に必要な調査及び研究を行うこと」の規定を法的根拠として自衛隊艦艇の派遣などを明記していた。

同年九月一九日、対米支援策を検討していた小泉純一郎《こいずみじゅんいちろう》政権は、七項目の「対米支援策」を公表するが、そこに海幕の主張する「自衛隊艦艇の迅速な派遣」が盛り込まれていた。海幕の自衛隊艦艇派遣への執着は、同月二一日、当時官房副長官であった安倍現首相への直訴にも遺憾なく示されていた。

実際にも同月二一日に空母キティーホークが戦闘作戦行動のため横須賀基地をペルシャ湾に向けて出港、さらにはアメリカの強襲上陸艦エセックスが佐世保基地から出撃した折、海上自衛隊艦艇が随伴し、護衛活動にあたった。今日、問題化している集団的自衛権行使の発動に相当する自衛隊艦艇の動きに世論やメディアも敏感に反応し、懸念する声があがると、小泉政権はイージス艦の派遣には慎重姿勢を採るようになった。

その動きが露見されてくると海上自衛隊は、二〇〇二年四月一〇日、海上自衛隊の幕僚監部の幹部が在日アメリカ海軍のチャプリン司令官を横須賀基地に訪ね、海上自衛隊のイージス艦やP3C対潜哨戒機のアフガニスタンへの派遣をアメリカ側から日本政府に要請して欲しいと働きかけたというのである（『朝日新聞』二〇〇二年五月六日付）。

事の真相は、海自のシンボルとも言える電子戦闘艦であるイージス艦の派遣を躊躇する日本政府の態度に業を煮やした海自の幹部が、アメリカの威光を盾にとって派遣の実現を果たそうとしたことにあった。海自としては、近々に予想される事態となっていたアメリカのイラク侵攻作戦開始前に既成事実を創っておき、いつでもアメリカへの全面支援態勢をとれるようにしておきたかったのである。

この海自の要請もあってか、アメリカ側は同年四月一六日にワシントンで開催された日米安保事務協議に先立ち、日本政府に対し非公式ながら派遣要請の打診を行った。さらに、同月二九日にワシントンを訪問中の自民・公明・保守の与党三党の幹事長に対しても、ウォルフォヴィッツ国防副長官が派遣要請を行ったとされる。

しかし、日本政府は、アメリカの対アフガン戦争に協力の姿勢は見せていたものの、世論の動きやアジア諸国の反応を考慮して、自制的かつ限定的な対応に留まっていた。イージス艦の派遣は全面協力の印象を内外に与える恐れがあり、慎重な態度を崩さなかったのである。

これは一定の政治決断と軍事判断の鬩ぎ合いと受け取られがちだが、軍事判断は当然ながら政治決断に従属するものである。その意味で海自幹部の行動は、明らかにこの原則から逸脱した行為であった。アメリカとの連繋強化という、日本政府の外交・防衛政策の原則に便乗しつつ、自らの宿願を実現しようとする海自幹部の行動自体の背景には、これを機会に軍事判断や選択を正面切って押し出していこうとする自衛隊幹部間の共通認識があったのである。

これに加えて、海自がイージス艦の派遣に拘った理由がもう一つある。

海自はここに来てアメリカ海軍との軍事連繋を強めているが、それは作戦展開中のアメリカ海軍の通信リンクに加わることによって、初めて正真正銘の連繋が実現すると考えていたからである。

つまり、横須賀を母港とするアメリカ第七艦隊の通信リンクに加わると、アメリカ海軍から通信リンクに必要なハードとソフトが期限つきで譲渡され、文字通り、アメリカ軍の情報ネットワークへの参入を許されることになる。

それはアメリカ軍との一蓮托生の関係を構築することになり、集団的自衛権の発動への敷居を事実上無くしてしまうことを意味する。それゆえに、日本政府も防衛庁背広組も、とりわけ情報収集・処理能力の高いイージス艦派遣には慎重となっていたのである。裏を返して言えば、海自はアメリカ軍の通信リンクに参入することによって、事実上の集団的自衛権への踏み込みを企図していたとも考えられる。

日本政府は、そのことを充分承知であったがゆえに、最後まで慎重な態度を崩さなかったのである。当時の日本政府・防衛庁は、おそらく海自と水面下でその辺りの問題を繰り返し協議したのであろう。海自が実際に通信リンクに参入したか依然としてはっきりしないが、参入して獲得した情報を防衛庁内局に秘匿したままである可能性も極めて高い。それは内局ですら確認しようがなく、内局はその点に関して自衛隊側に不満を募らせてもいる。

2　独走する制服組

海幕長の思惑

既に述べたが、二〇〇九年の古庄幸一《ふるしょうこういち》海幕長（当時）による文民統制見直し要求問題について、それが意味するものについて、ここで三点ほど指摘しておこう。

第一には、その時点までに空洞化していた文民統制の実体が、いよいよ浮き彫りにされたことである。

日本の文民統制は、参事官制度で代表されるように、文官による武力組織の統制を目的としたものである。しかし、本来文民統制とは、予算の決定権や弾劾権の発動をはじめ、軍を統制する主体を議会、つまり、市民の下に置くことを意味する。言い換えれば、国民から選出された国会議員が制服組や自衛隊組織を統制することであり、その根拠を憲法に明文規定している民主主義諸国も少なくない。

ところが、日本では最初から軍事に関わる一切を全く想定していないこともあって、国会に防衛問題を取り扱う常任委員会が長らく設置されなかったことなど、肝心要の場において文民統制を制度的に支える体制が長らく未整備の状態が続いた。

そのため、参事官制度という「文官統制」を文民統制とか文民優越という形で今日まで引きずってきてしまった、というのが現実である。古庄海幕長の主張は、ある意味ではそうした制度的な未整備あるいは文民統制の矛盾を衝いたとも言える。

第二には、制服組のある種の政治行動が顕在化していることとの関連である。

古庄海幕長は、これに先立つ二〇〇四年四月二〇日の記者会見の席上、当時から論議となっている自衛隊の集団的自衛権行使の問題に触れ、「解決できれば（行使できるようになれば）、任務が拡大されても柔軟に対応できる」（『朝日新聞』二〇〇四年七月二日付）と答えていた。

これまで制服組はもちろんのこと、背広組の幹部ですら口にすることがタブーとされてきた集団的自衛権の是非論を、堂々と語ってみせるほど、制服組は正面から文民統制の見直しを迫るようになっていたのである。まさに、制服組の暴走が始まっていたのである。

さらに、二〇〇二年度版『防衛白書』の編集過程で、白書原案の「文民統制」の説明に関連して、事務次官や参事官が防衛庁長官を補佐することが文民統制であるという誤解を読者に与える可能性がある、と海幕側が批判し、防衛庁内部で問題となった経緯がある。つまり、海幕側は文民統制が文官による武官（制服組）の統制（＝文官統制）を意味するものではないとしたのである。要するに、海幕には事務次官や参事官の非文民化への道を切り開き、文民を政治家に限定し、背広組による統制を排除しようとする狙いがあったと思われる。陸幕も空幕も表現こそ違え、海幕と同様なスタンスを明らかにしていた。

陸自幹部の改憲案作成問題

政治制度の変更を求めた海自監部の事例だけでなく、陸自幹部が政治の世界に強く関わっていた事例もある。それは、自民党が進める憲法改正の動きのなかで、憲法草案の作成に一役買っていたことが判明した一件もあった。

二〇〇四年一二月五日の報道によると、憲法改正を推し進める自民党の憲法改正起草委員会（座長は中谷元・元防衛大臣、当時は防衛庁長官）に幹部自衛官が憲法改正案を提出していたことが発覚したのである。幹部自衛官とは、陸上幕僚幹部防衛部防衛課防衛班に所属する二等陸佐で、陸自政府組の中枢部に所属する〝幹部将校〟である。

同年七月下旬に提出されたとする文章は、安全保障問題関連の指針を示した「憲法改正案」（以下、改正案）と、具体的な条文規定を示した「憲法草案」（以下、草案）の二つの文書からなっていた。

この改正案では、集団的自衛権の行使が「必要不可欠」と断定されており、その一点だけを取って見ても、形式的レベルであれ、従来から「専守防衛」の大前提を崩さなかった安全保障観を否定し、日米軍事共同体制を前提とする海外派兵の常態化を図ろうとする自衛隊幹部の強い意志を読み取れる。

自衛隊制服組の全てではないにせよ、少なくとも自衛隊組織の中枢にいる制服組の中堅幹部が草案作成で示した内容なりを紹介しておこう。

草案では、①侵略思想の否定、②集団的安全保障、③軍隊の設置・権限、④国防軍の指揮監督、⑤国家緊急事態、⑥司法権、⑦特別裁判所、⑧国民の国防義務の八項目について、それぞれ条文が付されていた。

草案には「国の防衛のために軍隊を設置する」と明記されたように、正真正銘の軍隊と軍事機構を国家機構の一部として、改憲後の〝新憲法〟に組み入れるための、極めて具体的な構想が明示された。草案を概観すると、憲法改正による自衛隊側の実現目標が、どこにあるのか大筋で明らかとなる内容となっている。

まず、①侵略思想の否定は、非侵略型の常備軍の性格規定をすることで、戦前軍隊との断絶を強調し、草案で言う「国防軍」を、②集団的安全保障の行使を前提とした海外展開を強く意識して編成しようとする構想が窺われた。さらに、③軍隊の配置・権限において、新軍隊の憲法規定を明示し、国家の機構の中軸としての役割期待を鮮明にしている。

それとの関連で、④国防軍の指揮監督については、これまで以上に制服組の直接指揮権限が強化される方向で検討されていた。そして、「国防軍」が社会的な正当性や認知を獲得していくためには、⑤国家緊急事態をより具体的に例示しておく必要性を確認しようとした。

⑥司法権、⑦特別裁判所、⑧国民の国防義務の三項目は、相互に連動する関係にある。そこでは、単に「国防軍」内部の規律維持と犯罪予防のための措置としてだけでなく、国防意識の必要性を認めず、「国防軍」への非協力的態度や反軍的言動を行う市民や労働者への恫喝としても、法的手段を用意することに主眼が置かれている。

さらなる問題は、改正案にせよ草案にせよ、現職の幹部自衛官が作成した改憲案が、二〇〇四年一一月一七日に自民党憲法調査会（会長は保岡興治《やすおかおきはる》・元法相）の憲法起草委員会が公表した「憲法改正草案大綱（原案）」（以下、原案）にほとんどそのまま活かされていることである。

そこで、公表済みの原案の一部を見ておくと、その第八章には「国家緊急事態及び自衛軍」とあり、草案にある「国防軍」は「自衛軍」と改名されていた。ストレートに「国防軍」とする名称では国民の反発を招きかねない、という配慮が働いたと思われる。「自衛軍」が最終的には「国防軍」の名称で登場してくるのは十分に予測されるまでに至ったのである。

現行憲法を正面から否定

原案で「自衛軍」は「個別的又は集団的自衛権を行使するための必要最小限度の戦力を保持する組織」と規定されており、専守防衛を前提とする「自衛隊」の役割を原則として自己否定してみせる。そのうえで、「自衛軍」の任務を国家の「緊急事態に対し、我が国を防衛すること」「治安緊急事態、災害緊急事態その他の公共の秩序の維持に当たること」「国際貢献のための活動（武力の行使を伴う活動を含む）」と規定する。

その一面で、専守防衛の任務規定を掲げつつ、本音として武力を含む国際貢献の実行部隊として「自衛軍」への新たな役割期待を表明している。これが、二〇〇四年一二月一〇日に政府が公表した新「防衛計画大綱」に盛られた内容と符合する点も看過できない。

例えば、原案で言う「防衛緊急事態」は、草案の⑤国家緊急事態に関連する。原案では国家緊急事態が発生した場合には首相が「基本的権利」を制限できるとし、一連の有事法制問題でも議論されてきた戒厳令の規定が盛り込まれた。草案と原案との繋がりということでは、さらに一、二の事例を挙げておきたい。

⑧国民の国防義務に関連し、原案では第三章「基本的な権利・自由及び責務」の第三節「国民の項」において、「国防の責務及び徴兵制の禁止」が明記されている。周辺事態法から武力攻撃事態対処法、さらには国民保護法に至るまでの一連の有事法のなかに盛り込まれていた「有事」における「国民の協力」の内容が、ここでは「国防の責務」という形で一気にグレードアップされたのである。そこでは国防意識や国防思想の普及が前提とされ、国防等概念を再び市民社会に浸透させようとする魂胆すら透けて見える。

憲法改正起草委員会は幹部自衛官が提出した改正案及び草案は、原案に「全く反映していない」(『朝日新聞』二〇〇四年一二月六日付)と関連性を否定するが、同委員会の中谷座長の要請で幹部自衛官が提出した経緯や、何よりも以上のような内容を吟味すれば、その関連性は否定しようがないのである。

武力行使を前提とした「自衛軍」であれ、「国防軍」であれ、名実共に「軍隊」の創設を主張する草案も、その草案をほぼ全面的に採用する内容の原案も、交戦権及び戦力不保持を明記した現行の憲法第九条を真っ向から否定するものである。

これまでになく、明確な形で憲法第九条を否定する内容の改憲案が、幹部自衛官の手を借りて文章化されたことの政治的意図に着目せざるを得ない。ここに来て改憲構想の中心的部分である安全保障問題について、自衛隊主導の構想が浮上してきたのである。

原案自体は国の内外からの激しい批判を浴び、同年一二月四日、自民党執行部は、その白紙撤回を決定した。だが、世論の鎮静化を暫く待とうとする姿勢が顕著であり、これによって自民党の改憲構想の大枠が全面的に崩された訳ではない。

〝法によるクーデター〟

現職の高級自衛官がこのような内容の草案を一連の改憲を政治日程に掲げて奔走する自民党に提出することは、明らかな問題がある。当時の防衛庁は、幹部自衛官の行動に対し、先の海幕長による参事官制度廃止要求に続き、明らかな不快感を示し、「国家公務員法」第一〇二条の「政治的行為の制限」及び「自衛隊法」第六一条「政治的行為の制限」の違反や、「防衛庁設置法」第二三条の「幕僚監部の所掌事務」の逸脱に該当しないか調査を開始するとしていた。背広組は、今回の幹部自衛官の行動を、文民統制の原則から逸脱する行為だと受け止めていたのである。

この他にも、公務員に課せられた「憲法」第九九条の憲法尊重擁護義務への違反行為という議論も当然出てきてよいはずであった。厳密に言えば、法解釈上からは幹部自衛官の行動はこれら全てに違反する重大な事件であり、本人だけでなく監督責任のある上層部の法的責任が厳しく問われることは必然であった。

しかし、直接的にせよ間接的にせよ、幹部自衛官の政治的発言に歯止めがかからなくなっている現状を示した事例となった。あらためて事件が意味するものを指摘するならば、第一に、武力を保持した高度技術職能集団の幹部である自衛官には、政治に対して厳正中立の態度を保持する責務が課せられていることを自覚する必要があることである。一党派の政治行動に歩調を合わせること自体、不偏不党であるべき職能集団に対する国民の信頼を根底から揺るがすことになる。

例えば、自衛隊と同様に職能集団であり、国民生活の安全確保の役割を担う警察が一党一派に偏した言動をするならば、警察への信頼が損なわれることは必至である。それと全く同様の事態が起きているのである。それで、この事件は憲法改正による国軍の成立を目標としたものである限り、それは〝法によるクーデター〟だと解することもできる。

ここに示された自衛隊の体質は時を経て、二〇一八年四月一六日、幹部自衛官の国会議員への暴言となった事件においても表出する。

そこでは幾重にも張り巡らされた政治的行為の制限を課した法律の数々は、自衛隊という武力組織集団が政治的行為に及ぶ場合の危険性を事前に予防する措置としてある。たとえ、与党から憲法改正案提出の要請があったとしても、幹部自衛官は「幕僚監部の所掌事務」や「政治的行為の制限」などの条項と照合して、これを拒否するのが妥当であろう。

今日、「政軍連携」の密度が極めて高くなっており、防衛省背広組の抵抗に拘わらず、安全保障問題及び防衛問題の領域において軍事専門家である制服組に大きく依存する構造が出来上がりつつある。防衛政策の立案及び実行の主体として、制服組の台頭してきた象徴事例が〝法によるクーデター〟事件と言って良い。

第二に、かつての栗栖発言に示されたように、幹部自衛官の超法規的な言動が頻発している事態に、すでに自衛官や自衛隊組織に対する法による規制や政治による統制が限界に達していることも明らかである。その意味でも、文民統制も機能不全に陥りつつある。同時に、そのことは幹部自衛官たちの民主主義社会の規範への不服従の姿勢が露わになってきたとも言える。

第三に、こうした動きが加速している最大の理由は、政治家たちの間にある文民統制への無関心あるいは拒否反応である。むしろ、積極的に自衛官の政治的言動を促し、既成事実の積み重ねを通じて、この国の軍事化に拍車をかけようとする目論見も透けて見える。

そこで問題とすべきは、自衛官を統制する役割の「文民政治家」が、場合よっては幹部自衛官以上に軍事主義に囚われていることである。世論にしても、かつての三矢研究や栗栖発言問題の時のような激しい反応が見られない。そうした政治家のスタンスや世論の変化が、幹部自衛官の政治的発言に拍車をかけているのである。

自衛隊の国民監視業務

自衛隊組織には実に多くの組織が存在するが、そのなかで国民の監視活動を担う情報保全隊の存在が国会の場で明らかにされた。実は、自衛隊創設とほぼ同時に国民監視業務が秘かに継続されてきた。自衛隊の国民監視業務は、平時から部隊の作戦行動を円滑裡に進めるため、これに抵抗する動きを事前に把握しておくための情報収集活動と見なされている。その組織こそ、自衛隊情報保全隊（以下、保全隊）と言う名の組織である。

自衛隊の国民監視業務の実態は、特に二〇〇七年六月六日、自衛隊が蓄積してきた膨大な調査資料が公にされたことから、世論やメディアの関心を呼ぶことになった。保全隊は、二〇〇三年三月、それまでの調査隊を強化して設置されたもので、約九〇〇人の隊員を擁する。強化された契機は、二〇〇〇年九月、防衛庁防衛研究所（元防衛研修所）に勤務する三等海佐が在日ロシア大使館付武官ビクトル・ボガチェンコ海佐に防衛庁の機密文書を漏洩した事件が発覚し、自衛隊内の秘密漏洩を防止するためとされた。

保全隊の本来任務は、「陸上自衛隊情報保全隊に関する訓令」（平成五年三月二四日　陸上自衛隊訓令第七号）の第三条に「情報保全隊は、陸上幕僚監部、陸上幕僚長の監督を受ける部隊及び機関並びに別に定めるところにより支援する施設等機関等の情報保全業務のために必要な資料及び情報の収集整理及び配布を行うことを任務とする」とされている。

この訓令内容から、自衛隊内部文書や情報の外部漏洩防止を任務とする組織とされた。つまり、保全隊業務は自衛官や自衛隊組織を対象とするものであって、国民を監視する役割は許容されないはずであった。

ところが、国会の場で明らかとなった保全隊の内部文書「情報資料について（通知）」と「イラク自衛隊派遣に対する国内勢力の反対動向」において、前者は「一般情勢」として東北各地で取り組まれた反イラク派遣の動きを記している。そこでは自衛隊イラク派遣に関わる自治体の議会決議状況なども含まれ、膨大な資料集となっている。

これらの内部文書は全国で五カ所に設置された方面情報隊（北部方面・東北部方面・東部方面・中部方面・西部方面）から、東京市谷の防衛省内に設置された保全隊本部に定期的に提出される仕組みとなっている。

例えば、「情報資料（二六―二）について（通知）」には、東北各地における自衛隊のイラク派遣反対運動の動向調査が記録されている。

その内容は、「青森、岩手、宮城及び福島の各県内では成人式の場に絡めた主に新成人者の獲得を意図したものと思われるP系の宣伝活動が認められました。これらの活動は、イラクへの自衛隊へ派遣計画決定以降空自先遣隊派遣に伴い、継続的にその活動を活発化させているものと思われます。また、地方自治体の動向として、イラクへの自衛隊派遣に反対する陳情書の採択等が二件確認されました。引き続き、国内勢力による隊員（家族等含む）工作並びに隊員及び地方自治体の動向に注目する必要があります」と記されていた。

本来は自衛官が部隊秘密の外部漏洩を防止するため組織された保全隊組織が、なぜ一般国民を対象とする監視業務に就いていたのか不透明である。自衛隊組織内に存在する軍隊的体質の表れか、それとも国民の合意と理解の上に創設されたものではなく、アメリカ駐留軍の補完部隊として創設された警察予備隊を前身とする経緯があるからなのか定かでない。

しかし、一九七八年以来、本格化する一連の有事法制整備のなかで、一貫して追求されてきた有事の際における対国民施策の基本方針が確実に実行されていることが判る。

重大な憲法違反行為

陸上幕僚長先埼一《まっさきはじめ》陸将（当時）の名で通達された「陸上自衛隊情報保全隊に関する通達」（平成

一五年三月二六日　陸上自衛隊通達第五一二九）を読む限り、一般国民を対象としたものではないことが明らかであるにもかかわらず、自衛隊のイラク派遣反対運動に限らず、医療費・年金・消費税など国民生活に直結する課題への国民の反応も情報収集の対象としていることは重大な問題と言える。

加えて、監視業務の範囲が広範囲にわたり、監視対象となったのは四一の都道府県、二八九団体と数多の個人が監視対象となっていること、また「P」（＝日本共産党）や「S」（＝社会民主党）など、反自衛隊的な政策を採っていると自衛隊側が見なしている政党への反感を示している。

こうした点を踏まえて言えば、自衛隊が既存の憲法体系から逸脱する行為を犯してまで国民監視と恫喝を行っていることは看過できない内容である。保全隊は「陸上自衛隊情報保全隊に関する通達」の内容に従った本来業務に徹するべきであり、国民への不当な敵対行為は明らかな違法行為である。自衛隊による民主主義の原則を逸脱する行為の連鎖は、文民統制の機能が充分に発揮されていないことの証明と言える。

文民統制が機能しているかどうかの判定は容易ではないが、憲法によって担保された基本的人権を侵す行為は、明らかに民主主義への反乱と見られても仕方ないのである。これに関連して、二〇〇一年一〇月二四日に改正された自衛隊法では、情報漏洩の取り締まり対象を従来は自衛官に限定していたが、取材活動を行う新聞記者にまで拡大した。

法を遵守する義務を負う自衛隊組織が憲法原理に触れる行為を犯すことで国民監視業務を強行するのは問題である。憲法の条文に従って指摘するならば、憲法第一三条で保障されているプライバシー権の侵害に該当する。

これら自衛隊の姿勢を踏まえて言えば、保全隊の業務内容は情報収集に名を借りた政治行為とも認定可能である。自衛隊は文民統制の原則に従い、民主主義のルールに則り、高度職能集団として政治的中立性を保持すべきである。自衛隊が恣意的に反自衛隊と判断する団体・組織・個人に文字通り警戒心を露わにして、相当の時間と経費を投入して幾重にも張り巡らした監視網で囲い込みを図ろうとしていることは絶対に許されない。

こうした自衛隊の行為は、文民統制が事実上機能不全に陥っている証拠とも受け取れる。自衛隊が自らの判断で憲法も逸脱し、組織防衛の論理を最優先して個人情報を含めて違法行為を構造化しているとさえ思われる。

目立ち始めている国民への恫喝

イラク派遣を境に自衛隊は、一段と政治的中立性を蔑《ないがし》ろにする傾向を強めている。そのことは文民統制の逸脱事例や自衛隊が敵対視する運動団体や市民活動家への、ある種の恫喝行為としても示される。

その事例を少し上げるならば、イラク派遣の法的根拠は、イラク特別措置法（二〇〇三年八月一日成立・法律第一三七号）であり、その後の基本計画と実施要項の作成は、成立四カ月後の一二月であった。ところがイラク特措法に従って国会での事後承認案が成立するのは、二〇〇四年二月九日のことであった。つまり、イラク特措法が成立したからと言って、直ちに派遣が実行に移されてはならず、当然ながら事前・事後の関係なく、国会での承認が不可欠であった。

ところが、同文書は、この覇権決定がなされる以前から、すでに自衛隊のイラク派遣を前提として読み込み、イラク派遣に異議を唱える組織や団体、個人への監視業務を開始していたのである。「国民監視」は明らかな違法行為であり、時期や法の成立の有無によって正当性が担保されるものではない。国策として承認される以前から、このような違法行為を開始していたことは、二重の違法行為である。このように国会の審議や世論の動向とは無関係に、自らの判断で違法行為に軽々しく踏み込んでしまうのは、そもそも文民統制が機能不全に陥っている証拠に思われる。

もうひとつ、赤裸々な自衛隊の恫喝行為を示しておきたい。

二〇〇四年一月六日、第五五回札幌雪祭り（二月五日〜一一日開催）の雪像政策に毎年陸上自衛隊第一一師団が支援しているが、札幌市南区の真駒内駐屯地で開催された「雪祭り協力団」の編成完結式の会場で、竹田治朗《たけだじろう》第一一師団長（当時）は、札幌市当局に向け、イラク派遣反対運動との関連で、「度が過ぎたデモや街宣活動などがあって協力する環境にならない場合は撤収を含めて検討する」との発言を行った。

また、市民活動や抗議活動に恫喝を行った事例として、この他にも大分県日出生台《ひじゅうだい》における演習に抗議を行った団体への恫喝、沖縄・辺野古における米軍ヘリ基地建設への抗議行動に圧力をかけるため、海上自衛隊の掃海母艦「ぶんご」（五七〇〇トン）を派遣した事例など枚挙に暇《いとま》がない。

こうした事例報告は年々増加する傾向にあり、これまで後衛の位置に甘んじてきた自衛隊が前衛にと、文字通り立ち位置を変えてきたのが目立っている。それだけ、自衛隊は独自の判断で行動するケースを常態化しようとしていると思われる。そうした点でも文民統制が後方に追いやられている現実にあるのである。

第六章　政治活動に奔走する制服組幹部たち

1　変貌する自衛隊の現状

表出し始めた自主国防派の動き

文民統制の一方の当事者である制服組幹部は、一体何を考えているかを素描しておこう。勿論、制服組幹部とて一枚岩ではないし、文民統制の解釈の仕方も一通りではないはずだ。そのなかで、今回の文民統制の実質的改編に積極的に動いた一群が存在するのは既述の通りでもあるが、ここでは制服組幹部に内在する、言うならば「自主国防派」と括っても良いような一群が存在する。

第一次安倍内閣発足（二〇〇六年九月）前後から、自衛隊の前身である警察予備隊創設以来、深く静かに潜在していた自主国防派の一群が表舞台に顔を出し始めているように思われる。その象徴事例が、二〇〇八年一一月、田母神敏雄《たもがみとしお》（当時、自衛隊航空幕僚長）がＡＰＡ《アパ》グループの主催する「真の近現代史観」の原稿募集に応募して特賞を得たことから始まる、一連の言動である。

田母神航空幕僚長は、「侵略戦争」を真っ向から否定し、日本近代史を貫く侵略戦争を「聖戦」として肯定し、アジア民衆への抑圧の歴史を、植民地から解放するための「解放戦争」と位置づけを行った。

日本政府の公式見解では、「侵略戦争」とする言葉で明快に捉えてはいないが、少なくともアジア民衆に不幸を強いた戦争であって、謝罪に値する戦争という点で、とても田母神航空幕僚長の主張とは相容れないものがあった。その結果、同航空幕僚長は解職されるに至ったのである。しかし、田母神への賛同者は、自衛隊の内外で決して少なくなかった。田母神の独特のキャラクターも手伝って人気を得るところとなり、二〇一三年秋の東京都知事選挙に出馬して、約六〇万票を獲得したことに示されている。この折、〝田母神フィーバー〟がメディアを賑わせたことは記憶に新しい。

問題の根本は、田母神の公人としての歴史認識のレベルを問うだけでなく、それ以上に重要なのは、この論文の意図がどこにあるか、という問題である。七〇〇〇字程度の論文は、張作霖爆殺（一九二八年六月四日）も盧溝橋事件（一九三七年七月七日）もコミンテルンの仕業と断じ、日本の台湾と朝鮮の植民地統治および「満州」（中国東北部）支配を全面的に肯定するものであった。張作霖爆殺が、日本の関東軍の急進派将校による謀略として開始され、盧溝橋事件が中国国内の混乱の間隙を縫って強行された中国制圧を目的とする第一弾であったことは、繰り返し歴史の検証が行われている問題である。朝鮮、台湾、「満州」の支配は、日本の戦争資源を収奪する場として、また、大陸国家日本へと押し上げるための拠点として位置づけられていることも、日本側の公文書で明らかとなっている。

そうした歴史の研究成果などに全く触れることなく、自らの思い込みと主張を押し通すために恣意的な解釈によった内容は、あまりにも無責任な姿勢と言わざるを得ない。実は、こうした歴史の否定は、従来から歴史否定主義、あるいは歴史修正主義というレベルで問題とされてきた。

実はこの田母神論文の種本とでも思われる論文がある。

それは、福地惇《ふくちあつし》氏（大正大学教授、新しい歴史教科書をつくる会・副会長）が、二〇〇六年四月一七日、統合幕僚学校の高級幹部課程で行った講義「歴史観・国家観」の講義案として執筆した『昭和の戦争』について」である。田母神論文は、これとほぼ同一の歴史観で綴られ、その要約版とさえ言える。

そもそも、この「歴史観・国家観」の講義は、二〇〇三年から当時統合幕僚学校の校長であった田母神氏の手により、高級幹部課程の一部として設けられた経緯がある。講師陣は、外部から田母神氏と歴史観を同じくする人物から選ばれている。防衛省は、今回の事件を教訓に本課程の見直しに入るとした。

「歴史観・国家観」と題する講義の目的は、第一に「昭和の戦争」は侵略戦争ではなく、「自存自衛」のための止むを得ない受身の戦争であること、第二に、「昭和の戦争」が侵略戦争でないとすれば、現行憲法は論理的に廃絶しなくてはならない虚偽の体制と断言することにあるようだ。

福地氏は、日本は真面目に国際法を遵守しようと努力したが、日本を取り巻く国際政治が一向にそれを評価しなかったこと、ソ連＝コミンテルンのアジア攪乱戦略のなかで、日本と中国との戦争を長引かせようとしていたこと、また、コミンテルンの資本主義同士を戦わせるための戦略が日米戦争の原因であったこと、などを繰り返し主張している。

こうした主張は、戦後の歴史研究の成果を全く無視し、恣意的で観念的な歴史観によって歴史事実を全く認めようとしないものである。この姿勢は、歴史否定主義・歴史修正主義の典型的なスタイルと言えよう。福地氏の論文を掻い摘んで要約したような田母神氏の論文と瓜二つの講義が、くしくも自衛隊制服組の高級幹部を養成する隊内教育において、歴史教育の一環として実行されていたのである。

従って、田母神氏が主張する歪んだ歴史観は、自衛隊高級幹部の間では、半ば公然化あるいは常識化していると思わざるを得ない。制服組高級幹部の歴史教育課程において、侵略戦争肯定論が展開されていることは、由々しき問題であろう。

また田母神氏が主張する歴史認識は、日本政府及び防衛省・自衛隊が同盟国として位置付けるアメリカにとっても許容不可能な内容である。日米同盟を支える歴史認識とは、アジア太平洋戦争はアメリカによって敗北を決定づけられたとする対米敗北認識を前提とするものであり、その限りで日米同盟とは、そうした歴史認識を根底に据えた〝歴史認識同盟〟とも言える。

その意味で田母神史観は、アメリカとの歴史認識同盟すら否定しかねない危うい歴史認識と映る。アメリカは日本が犯した戦前期軍国主義を全面否定するところから対日占領政策を開始しており、冷戦期以降において確かに民主化から再軍備に象徴される「逆コース」を辿るものの、少なくとも田母神史観や靖国史観ではなく、アメリカに敗北を喫したとする対米敗北史観が前提となっている。アメリカは、田母神史観を肯定できるものではない。

そうした観点から考えると、どこまで意識されてのことかは別としても、田母神史観は、歴史認識上、対米自立的な歴史観の吐露とも見なされよう。ただ、アメリカもフィリピン植民地支配を続けてきた経緯もあることから、正面切って田母神史観にクレームをつける訳にはいかないだけである。

明らかな自衛隊の変貌

自衛隊は冷戦体制の終焉と、それに続くアメリカ中枢部を狙った同時多発テロ事件以降、明らかな変貌を遂げつつある。一言で言えば、アメリカとの同盟関係に便乗しながらも、その一方ではアメリカ及びアメリカ軍への従属性を希薄化させ、自立した国防軍への変貌の機会を窺っていることだ。

実は田母神氏の言説の背景には、長年にわたり自衛隊内で繰り返されてきた歴史否定論の蓄積がある。それでは、自衛隊内での教育課程で、一体どのような歴史観が講じられてきたのかを、旧軍との連続性という視点から少し追っておきたい。

警察予備隊（一九五一年八月）から保安隊（一九五二年一〇月）に至る再軍備の過程で、装備や編成面ではアメリカ軍に倣い、軍隊指揮権を内閣総理大臣に帰属させた。軍事行政を内閣行政権に含むなど、戦前の天皇による統帥権保持や統帥権独立制と異なり、欧米型の民主主義体制に包括される軍事組織の確立が志向された。

ところが実際には、警察予備隊や保安隊が装備や組織面で軍隊としての性格を色濃く持った点で、軍隊や軍事組織を真っ向から否定した現行憲法に著しく抵触していた。

ここで特に問題にしたいのは、「建軍精神」に関わる旧軍隊との連続性だ。例えば、一九五三（昭和二八）年二月に作成された部内文書「現段階に於ける新軍建設に関する部内文書」によれば、「新軍は世界人倫の最高原理たる道義を本原とする眞武《しんぶ》たるべきものとし、新軍は之《これ》に據《よ》り、我が民族の生命を維持し、正義を守護し、国家を保全するを以《もっ》てその使命とし、世界平和と国際正義に寄与すべきものとする」としながら、保安隊という「新軍」が名実共に軍隊として民族の生命維持、国家保全を目的とする武力装置としての位置づけを行っていた。

そして、同文書の「付録七　保安隊の実状」には、「過去の日本軍は忠君愛国の精神がない」と記されていた。保安隊の幹部として入隊を果たした旧軍人により作成された同文書が繰り返し危惧して止まない課題は、旧軍と異なり新軍が確固たる不動の精神的基盤を持たないことだった。しかも、旧軍のように精神的基盤としての天皇を、憲法の制約もあって直接的には戴《いただ》けない現実があり、その分だけ民族の優秀性や理性的愛国心、国家への忠誠心が強調されることになった。

実際、現在の自衛隊まで続くこの精神教育の柱は、「民族愛、愛国心、反共教育」の三つである。しかし、この時代にこれらの柱が含意する内容は、偏狭な自民族中心主義と過剰な排外主義を生み出す結果となった。これは、現行憲法がめざす国際連帯や国際平和の実現に大きな足枷となることは必至である。その意味で、戦前軍国主義の負の教訓が充分に活かされているとは言い難い。

自衛隊は、とりわけ昭和天皇の葬儀（大喪の礼）を境に、それまで内部で蓄積されてきた天皇へのシンパシーを、一挙に噴き出してきた感がある。自衛隊に内在してきた現体制の保守（体制護持）のために発動される国家の暴力装置、という性格づけが一段と強化されたように思われる。

栗栖氏は元統合幕僚会議議長という制服組の最高幹部経験者であり、そのような人物の発言であってみれば、現職の高級自衛官や中堅自衛官の多くが、類似した天皇観や自衛隊の役割への認識を「使命感」という形で抱いているとみても不思議ではない。

そのような天皇観が戦前における統帥権保持者としての天皇、そして、戦前軍国主義精神や思想の源泉としての天皇への親近の情の表れとするならば、戦後平和国家・平和社会の建設を目的としてきた日本の国際的責任という観点からして、極めて由々しき問題である。同時に自民党政権しか認知しないという発想自体も、開かれた国家における軍隊の中立性という基本的スタンスから大きく逸脱する。

自衛隊の違憲性をひとまず置いたとしても、守るべきは国民の生命・財産であって、特定の政党組織や特定の機関（天皇）ではないはずである。そのことを、旧軍隊の役割を徹底的に総括するなかで、懸命に学んできたはずではなかったか。こうした自衛隊内での歪んだ歴史観や歴史認識は、すでに長年にわたり主張されてきたものであった。つまり、自衛隊の前身である警察予備隊、保安隊の時代から幹部たちの間で抱かれ続けてきた内容である。

要するに自衛隊内は半世紀に及ぶ間に、言うならば国防思想に基づく歴史観を養ってきたのではないか。そこに貫徹されている理想像こそ、旧日本陸海軍が、かつての帝国日本で占めた国家の屋台骨としての国防軍の存在なのである。

2　文民統制を嫌悪する自衛隊

自衛隊内に台頭する脱アメリカ志向

それでは田母神氏らが説く国防思想の特徴は一体何であろうか。いくつかの点を挙げてみよう。

第一には、近代日本の戦争史を丸ごと肯定することによって、戦争遂行の主役であった旧日本陸海軍の役割の再評価を狙いとしていることである。詰めて言えば、侵略の歴史を「国防」の歴史と読み替えすることで侵略の歴史を隠蔽し、国防の歴史を再評価することで、国防を担う自衛隊の歴史的役割と期待を喚起することだ。そのためには、戦前の侵略戦争を全面否定しなければならないのである。

そこには、「国防」という戦後日本人が関心を抱かなくなったことへの焦燥感が読み取れる。田母神氏が、航空幕僚長を更迭された後になって、記者団からの追及に、「国民のためには必要な論文だ」と切り返していたのは、その文脈において理解される。

このことから、侵略の歴史を否定することによって、新たな国防の精神と信念を国民に喚起しようとしたのではないか、と思われる。そこには、自衛隊から「自衛軍」へ、そして、最終的には「国防軍」へと脱皮していきたい、とする強い欲求が感じ取れるのである。

第二に、田母神論文で最も注目すべきは、日本の自主防衛及び自主独立の証拠としてのアメリカとの同盟関係の見直しへの議論である。

というのは、田母神論文の「諸外国の軍と比べれば自衛隊は雁字搦《がんじがら》めで身動きできないようになっている。このマインドコントロールから解放されない限り我が国を自らの力で守る体制がいつになっても完成しない。アメリカに守ってもらうしかない。アメリカに守ってもらえば日本のアメリカ化が加速する」の部分に注目したいのである。

要するに、自衛隊の国防軍化への強い欲求である。そこには自主防衛・自主独立の志向が赤裸々に語られている。その帰結は、日米同盟の見直しから、脱アメリカへの期待・願望だ。

さらに、「自分の国を守る体制を整えることは、我が国に対する侵略を未然に抑止するとともに外交交渉の後ろ盾になる。諸外国では、ごく普通に理解されていることが我が国においては国民に理解が行き届かない」とするに至っては、本音が吐露される。

ここでは「自主国防派」と命名しておくが、こうした論調が自衛隊制服組の高級幹部のなかに大分以前から目立っているのである。

これを戦前の旧陸海軍時代における二大派閥としての、自主国防派としてのアジア・モンロー派と、対英米関係を重視する親英米派との対立にも似て、「自主国防派」を〝戦後版アジア・モンロー派〟、あるいは〝新アジア・モンロー派〟とでも称して良いように思われる。

戦前のアジア・モンロー派は一九三〇年代まで権力や軍部の中枢を握っていた親英米派から実権を奪い、中国をはじめとするアジアを侵略し、資源と市場を独占していった。そして、日本をして大陸国家としての地位へと駆け昇ろうとしたのである。

今日において戦後版アジア・モンロー派が、現在の国際社会の有様からして、まさかアジアへの再侵略を強行するとは思えないが、自衛隊軍事力を背景とする強面の武装国家日本を前面に押し出すことに積極的となれば、国際社会が日本を見る目は大きく変わってしまうことになろう。

第二次安倍政権下で急速に進められた特定秘密保護法の制定や集団的自衛権行使容認の閣議決定、二〇一四年四月二五日、当時のオバマ米大統領と安倍首相の共同記者会見での発言を受けて発表された「日米共同声明」における「尖閣諸島は日米安全保障条約の対象」とする内容なども加味して言えば、日本への警戒と不安は一段と強まることは避けられそうにない。

九条否認と自主防衛

ところで、このような論文や言説が繰り返される根本の理由には、自衛隊の「軍隊」としての出自と深く関わっているように思われる。すなわち、自衛隊の前身である警察予備隊の創設経緯に絡む問題である。周知のように、警察予備隊は朝鮮戦争時に朝鮮半島に出動する在日駐留米軍（第八軍）に替わり、日本の米軍基地及び米軍家族を守護する目的で創設された経緯がある。

そして、その警察予備隊創設は、吉田茂首相の周りに集まった野村吉三郎《のむらきちさぶろう》（元海軍大将）や保科《ほしな》善四郎《ぜんしろう》（元海軍少将・海軍省軍務局長）らの旧海軍軍人によって秘密裏に組織された海上警備隊創設準備委員会（通称「Y委員会」）の手によって進められた。彼らが再軍備を、旧軍の再建の一環と位置づけたことは言うまでもない。その再生に吉田茂は、事実上手を貸したのである。

旧軍の復活・再生への道筋が付けられ、保安隊を挟んで、一九五四年に自衛隊が発足した後にも、連綿と続く日米安保・日米同盟路線のなかで、地下水脈の如く、自主国防論はその浮上の機会を虎視眈々と待っていた。その自主国防派、あるいはアメリカとの同盟関係の相対化を志向する制服組の一群が、確実に育ってきた。そのひとつの証拠として、田母神問題を捉えるべきであろう。

それで、もうひとつ注目しておきたいのは、田母神論文の根底に流れる旧日本軍への回帰願望である。その裏返しとして、戦後アメリカによる強制的再軍備への不満が見え隠れする。

歴史の事実を辿れば、日本の再軍備は「警察軍」(constabulary)方式による〝土民軍〟の編成として構想され、朝鮮戦争に出撃するアメリカ第八軍に代わって治安維持に当たらせようとする性質の軍隊として位置づけられた。それと同質の軍隊組織に、フィリピンにおける「フィリピン巡警隊」や、南朝鮮の「南朝鮮国防警備隊」などがある。警察予備隊から保安隊、そして自衛隊と名称の変更はあっても、アメリカに従属する軍隊としての性格には変わりなかったのである。

実際の所、一九五〇年七月に極東米軍司令部が作成していた極秘文書「警察予備隊創設計画」には、その創設理由に関連して極東米軍司令部所属の兵力とみなされる警察予備隊も将来的には、「朝鮮、台湾、フィリピン、インドシナへ派遣する必要が生ずる可能性がある」と明記していたのである。

現在における自衛隊の新たな役割期待としての日米共同作戦の展開や、一連の統合軍事訓練に具現される日米両軍の一体化の萌芽は、この時から事実上始まっていたのである。そうしたアメリカの思惑の延長として、ベトナム戦争、湾岸戦争、イラク戦争への自衛隊派遣要請、そして、二〇一九年八月の時点で焦眉の課題となっているアメリカとイランの対立を踏まえ、ホルムズ海峡海域確保のためのトランプ米大統領が要請する有志連合への自衛隊派遣の問題である。

アジアにおけるアメリカ軍の補完部隊の創出を目的として開始された再軍備は、同時に日本軍隊のアメリカ軍への徹底した従属性を特質としたものであった。再軍備が日本占領下で実行され、日本政府や日本国民に全く創設への経緯も告知されず、アメリカ軍総司令部民事局の指導下に、アメリカ政府の内部文書で、「極東特別予備隊」(Special Fareast Common and Reserve)と密かに呼称されていた警察予備隊の編成や訓練、そして幹部の人選が押し進められたのである。

日米関係の変転や安保改定のなかで、自衛隊の質も位置も変化していく。今日において、これまで秘密とされてきた「有事指揮権」や、「統一指揮権」に関する史料の公開によって明らかにされつつある、アメリカ軍への従属性軍隊という本質は不変である。さらに新ガイドライン安保体制下において、その特性は一段と増幅されたと言えよう。

すなわち、アメリカへの従属性を特質とする再軍備は、有事において日本自衛隊もアメリカの戦争に加担を強いられるという枠組みの下に位置づけられるということである。

一九五〇年代まで遡れば、一九五四年二月八日、ハル極東軍司令官は、有事の際には自衛隊がアメリカ軍の指揮下にはいることを、吉田茂首相から了解を取り付けていた。このことは、日本国内において発生した内乱・騒擾を鎮圧するため、アメリカ軍の鎮圧部隊として投入することができるとした、極めて植民地主義的色彩を鮮明にした日米安保の性格と相関関係にあったのである。

アパグループが田母神氏だけでなく、航空自衛隊の幹部や隊員に「真の近現代史観」懸賞論文への投稿を呼びかけるという異例の行動に出た背景には、こうした従属軍としての自衛隊の出自を踏まえ、脱従属軍化の道を確認する作業の一環としてあったのであろう。そのために戦後日本政治と、アメリカへの従属を強いる日米安保への事実上の批判の言説が書き記されていたのである。

自主国防派は、隊員教育の一環として歴史教育を積極的に取り入れ、隊員たちが侵略戦争論を否定し、旧軍の伝統を正面から肯定感を持って受け入れられる指導を行っていたと見てよい。決して旧軍が規律正しき軍隊であったとは言えないにしても、田母神氏は旧軍の伝統に倣うことによって、昨今規律違反事件が後を絶たない自衛隊内部を引き締め、モラル向上を図ることで、近い将来の「国防軍」としての体裁を整える必要を痛感していたのであろう。

そして、日本の歴史や伝統への「一体感」(アイディンティティ)や、法律や規則への「遵守」(コンプライアンス)の大切さを説く田母神氏の言動に、中堅の保守政治家たちや、将来への不安を抱き、方向感覚の喪失に悩む青年層も大きな支持と期待を寄せることになったのである。

機能不全に陥っている文民統制

日本国憲法は、いかなる軍隊も一切認めていない。

この原則に従えば、日本には軍隊に関わる組織は存在せず、従って文民統制、すなわち文民による軍の統制という事態は生じないはずである。しかし、日本が自衛隊という約二四万名に達する軍を保有する国家であることは、歴然たる事実である。それゆえ、この精強な武力集団を文民が統制・監視していくためには、ひとつの手段として文民統制の制度が不可欠である。このことは本書のなかでも繰り返し述べてきた通りである。

私たちは、文民統制の機能強化を図りながら、改めて民主主義と自衛隊という名の軍隊との共存の可能性の是非をめぐる議論を深めていく必要に迫られている。現在の実態として、文民統制は機能不全に陥っている、と言っても決して過言ではない。その最大の原因は、自衛隊制服組の文民政府への反抗という点だけでなく、それ以上に実は、自衛隊制服組を統制する文民（＝政治家）の側に重大な問題が潜んでいることである。

防衛庁長官、防衛大臣を歴任し、自民党国防族の有力者である石破茂《いしばしげる》議員は、二〇〇三年の自衛隊高級幹部会同の席上、自衛官が政治に「意見を述べることは権利であり、義務だ」と訓示したとされている。これを受ける形で、田母神氏は、自衛隊部内誌に意見を述べるのは、「義務であるからには、問題を認識しながら意見を言わなかったら義務の不履行になる」と発言している。さらに、「栗栖発言は、当時は言ったことが問題になったが、これからは言わないことが問題になるのだ」とも述べたと言うのである。

この石破氏の訓示は、戦前期日本において軍部の政治介入を促す結果となった「南次郎《みなみじろう》訓示」を想起させる。当時陸軍大臣であった南次郎大将が、一九三一年八月四日、軍司令官・師団長会議の席上、満蒙問題の積極的解決のためには、軍人が政治に関わることが必要だ、と訓示した。それまで軍人の政治的中立が原則とされてきた。それで南訓示を契機に、軍人の政治介入が公然化することになったのである。関東軍の謀略として引き起こされた満州事変が、この年の九月一八日であったことは記憶すべき事件であろう。

東西冷戦体制が崩れ、自衛隊はＰＫＯ（国連平和維持活動）への参加や、インド洋及びイラクへの派兵などの「実績」を積み重ねるなかで、日米同盟の強化に伴い、自らの役割期待を自覚し、発言力を強めてきている。日米安保再定義による自衛隊活用に本格的に乗り出した橋本龍太郎内閣時には、制服組の国会や他省庁との連絡交渉を禁じてきた「事務調整訓令」が廃止され、その結果として制服組は政治家と接触する機会を増大させてきた。

そして、二〇〇一年九月一一日の同時多発テロ事件以後、対テロ戦争の主要な一翼を担うことを大義名分に、自衛隊の政治との関わりが俄然増大してきた経緯がある。同時多発テロで自衛隊の役割期待が高まっているという自己評価もあって、特に二〇〇〇年代に入って現在に至るまで、自衛隊の政治部隊への登場が目立つようになった。

そのような状況下では文民統制機能が一段と期待されるはずが、実際に制服組は防衛族議員らと連携して文民統制の骨抜きを図っている、と言っても良い。安倍政権が現在進めている集団的自衛権行使や国家安全保障会議などの、自衛隊の部隊や制服組の出番が一層増大する可能性が高まっているとき、自衛隊の暴走を阻む制度が充分に機能しないのは、文字どおり民主主義の危機と指摘できる。

そのようなときにこそ、自衛隊を市民社会のなかで、どう位置づけるのかについての議論が必要になっている。しかし、実際には自衛隊の実像はなかなか見えてこない。創設から凡そ半世紀を経た今日、違憲とされた自衛隊が憲法の下位法である自衛隊法を根拠に、これほどの増殖を示すと誰が予測し得ただろうか。

第七章　自衛隊を統制するのは誰か

1　目立つ自立志向

民主主義社会における政軍関係の問題として

前章で最近における自衛隊の単独行動、言い換えれば政治の統制が及ばない所での行動が目立っていることを述べた。そこでは、一体誰が自衛隊を統制しているのかが、極めて曖昧化していることが明らかになった。そこからも機能不全に陥っている文民統制を蘇生させる必要がある。

先にも触れたように、古庄海幕長（当時）の参事官制度見直しや、防衛省設置法第一二条改正をめぐる諸問題は、決して制服組と背広組との対立としてだけ片づけられるものではない。両者の対立としてだけ見ようとすれば、明らかにこの問題の意味するところを読み誤ることになる。これは、広義の意味で民主主義社会における政軍関係の有り様をめぐる問題なのである。

あらためて確認しておくが、政府や制服組の言う文民統制とは、文官統制を事実上指しており、一般的に言うところの文民統制自体を必ずしも敵視はしていない、という姿勢を採っている。しかし、日本の文民統制が実質的には文官統制によって、その役割が発揮されてきた現状からすると、文官統制の見直しは、文民統制の見直しに直結する。

その意味で、繰り返し触れた防衛省設置法第一二条改正をめぐる問題の根底には、文民統制の形骸化という深刻な問題が横たわっている。そうした視点から、なぜ文民統制が問題とされているか追っておきたい。

二〇〇四年三月、自民党の国防部会が「防衛参事官制度を含む、制度、中央組織の見直しを行い、そのために必要な防衛二法（「自衛隊法」と「防衛庁設置法」）の改正を行うことが必要である」（『朝日新聞』二〇〇四年七月二日付）との提言を行った。

そこでは、アメリカ軍との軍事共同体制を押し進めるには、「集団的自衛権」に踏み込まざるを得ず、ましてや当時において浮上してきた米軍事力配備の再編過程で米軍の意向を前向きに受け止めていくためには、制服組独自の判断がより重視されなければならない、とする考え方が根底に流れている。

この自民党国防部会による提言こそ、憲法第九条による縛りから逃れるには、防衛二法の改正による自衛隊制服組の権限拡充しかない、と彼らが捉えている証拠である。そのことが、結局のところ文民統制の否定に繋がっていくのである。

要するに、国防部会のメンバーたちは、軍事的な効率性や合理性を追求することの方が、文民統制を遵守するより重要だと踏んでいるのである。

こうした一連の動きを追っていると、ただ単に制服組の権限拡大要求と、これに抵抗する背広組という図式としてではなく、民主主義社会における政治と軍事の関係の有り様に対する根底的な見直しを迫る動きがいよいよ本格化してきた、と捉える必要があるのではないか。

文民統制見直し論の背景

近年、文民統制が政治問題となってきた背景には、現在から既に一六年程前のことになるが、二〇〇三年一二月日の自衛隊イラク派兵の閣議決定がある。ポスト冷戦の時代に入り、制服組は自らの役割に自信を深めている。それに見合った発言力を確保することで、自衛隊組織が主要な国家機関の一つとして認知されることを求めているのである。

加えて、中国の台頭や国際テロ組織の活発化に対応して、日米同盟強化が叫ばれるなかで、自衛隊への役割期待が高まっている、とする認識を自衛隊幹部たちも、また少なからず世論も抱いている。

これまでにも自衛隊の国連平和維持活動（ＰＫＯ）への参加、「新日米防衛協力の指針」（通称、新ガイドライン）の策定、「周辺事態法」や「テロ特別措置法」に基づくアメリカ軍への後方支援活動、さらには「武力攻撃事態対処法」や「国民保護法」で拍車がかかった感のある一連の有事法制整備など、東西冷戦の終焉後における日本や自衛隊を取り巻く安全保障環境の様変わりは著しい。

ましてやこれら一連の有事法制の全体が見直し対象とされ、二〇一五年九月一九日に強行採決された安保関連法の制定がある。連綿として続けられてきた有事法制、実際には軍事法制と呼ぶべきだが、それが頂点的な位置にまで推し進められ、現時点では自衛隊を憲法に明記する、いわゆる自衛隊加憲論まで議論されるまでに至っている。

そのようななかで、好むと好まざるとに拘わらず、いつの間にか表舞台に立たされていた格好の自衛隊が、ならば新たな安全保障環境に相応しい役割や権限を与えられても良いではないか、と考えるのも自然の成り行きかも知れない。

さらに言えば、冷戦後の自衛隊活用の方途を捜しあぐねていた日本政府と防衛省の、自衛隊を国際舞台に押し上げ、ポスト冷戦時代の自衛隊の役割を見出し、その生き残りを図りたい、とする思惑も充分読み取れる。

そのような自衛隊活用の結果として、自衛隊側から逆提案の形を踏んで提起されてきたのが、国際舞台で活躍可能な自衛隊へと脱皮するためには、現行の文民統制による縛りは窮屈だという主張なのである。それゆえ、自衛隊の活用を中長期的に本気で想定しているならば、自衛隊の自立性をより一層認めていくことが必要ではないか、とする考えが前面に打ち出されてきたのである。

憲法問題への言及は慎重に回避しているが、この間の制服組の行動や発言には、憲法への異議申し立てと言っても差し支えないような内容が含まれている。すなわち、参事官制度の廃止要求のなかでも盛んに現行の文官統制への疑問を提起しており、制服組にとって都合のよい文民統制へと改編する思惑は一貫して潜在していたのである。

いま必要とされているのは、表面上の発言や行動から、自衛隊の文民統制逸脱行為や否定的な態度を批判するのではなく、そのような自衛隊に追いやった日本政府の責任を問うことと、何よりも自衛隊の運用方法や役割期待を、一体どこに置くのかという課題を設定することであろう。

制服組は背広組をどう見ているか

自衛隊創設以来、制服組と背広組（＝防衛官僚）の間には微妙な関係が続いてきた。軍事専門家を自負する制服組の幹部から見れば、防衛官僚たちは、所詮は事務官僚に過ぎず、制服組の言動の端々からは、軍事問題や軍事技術について教育や訓練を受けていない防衛官僚たちに対する、不信感や不安感が垣間見える。

こうした感情を生み出す背景には大きく言って二つの理由が考えられる。

一つは、制服組幹部が抱く専門的職能集団の一員としての自負と使命感の強さである。そこでは同時に、極めて強烈な団体性や一体性、自衛官（＝軍人）特有の排他的な心情が醸し出されている。それは時として組織防衛を強く志向する保守的な思考パターンに結果していく。それゆえ、現行の文民統制を盾に背広組が自衛隊組織への介入や改編に繋がるような行動や発言をした場合、制服組は過剰なほどの反応を示すのである。

もう一つは、背広組が、文民政治家たちとのみ防衛政策を協議し、防衛の専門家である制服組の判断や見解を充分には取り入れないことである。政局の動きに身を任せ、世論に迎合する文民政治家たちの安直な防衛認識への反発も手伝って、背広組や政治家たちへの警戒感や不信感を助長している。

実際のところ、文民政治家たちは防衛問題が選挙で票にならないと判るや、防衛問題に関心を示さなくなり、防衛問題についての正確な情報分析や学習への努力を簡単に放棄してしまう傾向がある。防衛問題に深い関心を抱く自民党の国防族議員たちにしても、過剰なまでの国家第一主義を基本とする軍事的安全保障論に収斂される防衛論は、必ずしも説得力を持ち得てはいない。

また、市民社会や市民生活に関わる広義の安全保障問題への関心を持つべき政治家たちの、防衛論も同様である。自民党国防族や制服組の主張する軍事大国に帰結するような単純な武装防衛論だけでなく、非武装による安全保障論をどう築いていくのか、という問題を含めて、今日の日本では意外なほどに議論が深まっていく雰囲気にはない。

いずれにせよ、制服組は自らが構想する防衛の構築を強く志向し、そのために専門家集団である自分たちの出番が来ていることを充分に自覚するようになっている。要は、自らも広い意味における防衛政策の立案にタッチする立場に身を置きたいと考えているのである。同時に、防衛の実践まで一貫して自らの所掌事項とすることが、軍事的合理性の観点からも当然とする確信を抱いている。それゆえ、防衛政策の立案を独占する背広組たちへの反感の根は意外と深い、と見ておくべきであろう。

制服組は、こうした理由から背広組への、あるいは文民政治家たちへの不信を募らせている。冷戦時代が終わり、日本が日米軍事共同体制を敷く以上、軍事国家アメリカとの連繫のなかで動かざるを得ないとすれば、勢い自衛隊組織が従来型の文民統制の枠組みのなかで、縛りを受け続けることは限界に来ている、と見なしているのである。

再軍備から冷戦時代において、文字通りの「専守防衛」に専念していた自衛隊にとっての課題は、防衛力の整備だった。そして、防衛費の獲得や自衛隊組織への世論の批判を直接受けることなく防衛力整備を実現するためには、背広組との協調関係は不可欠であったのである。

ところが、新ガイドライン合意から一連の有事法制の整備が進むなかで、自衛隊は「専守防衛」の表看板はそのままに、アメリカの要請による「国際支援」の名の下での海外派遣（＝派兵）を恒常化させようとし、海外派兵のための恒久法の制定を企画している。そして、アメリカ軍との共同体制が実施されるにおよび、これまでになく軍事的合理性が求められる現状にある。

しかも、世論の自衛隊認知が七割を超え、相応の実力を身につけた今日にあって、必ずしも従来のように背広組への依存は必要なくなり、むしろ対等な関係を築くことによって、自衛隊の役割期待を自ら設定する範囲へと拡げることに関心を持つようになった。このような制服組のスタンスの変化が、参事官制度の存在を疎ましく感じる結果となっていたのである。

一方、背広組の制服組を見るスタンスにしても、これまでの協調関係から現在では不信感や警戒感を抱いていることは間違いない。事実上の権限委譲を要求している制服組の文民統制見直し論は、防衛省の内局自体の解体・解散の可能性を含んでいるだけに、背広組としてもその要求には、到底応じられないのである。このような背広組と制服組との長年の対抗関係が、ここにきて制服組に軍配が上がったと判断するしかない防衛省設置法第一二条改正であった。

文民優越と文民統制の違い

それでは制服組は具体的に、一体どうしたいと言うのだろうか。

一つには、「文民優位」という建前は容認するが、文民統制は拒否するという認識に段々と傾いているのではないかと思われる。実は、シビリアン・コントロールは、保安庁・保安隊の時代までは、そのままの訳語である「文民統制」(Civilian Control)より、「文民優越」(Civilian Supremacy)という訳語のほうが多く使用されていた。

実際、現在でもシビリアン・コントロールと言えば、文民優越の考え方を示す用語とするのが欧米では常識である。つまり、政治文化としての政軍関係における政治の優越性を強調することにより、軍事の政治への服従が当然とされてきたのである。

ただ、そのような政軍関係を育んでこなかった日本において、政治あるいは文民の優越という政治文化が直ちに戦後育つとは考えられず、むしろ政治による軍の統制という制度化に直結する訳語である文民統制のほうが、とりわけ文官サイドから好まれたことは想像に難くない。

しかしながら、文民優越も文民統制も長い政軍関係の対立と妥協の歴史の積み重ねの中から民主主義の原則に適合的な政軍関係の有り様として導き出されたものである。いま、求められているのは、積極的な民主主義思想の意図としての文民優位、あるいは民主主義思想や制度による軍事の政治への従属化なのである。

しかし、ここで原則的なことを言えば、文民優位と文民統制は表裏一体のものであって、決して対立的な概念でも区別して理解されるべきものでもない。別の表現をすれば、文民優位の大原則が民主主義社会のなかで認知されているがゆえに、より具体的な規定関係としての文民統制という制度が成立する素地が生まれる、と言うべきであろう。

自衛隊の内部事情

文民統制が問題化される原因を、これまでは言うならば自衛隊の外側に求めてきたが、実は自衛隊の内部から発生する問題も少なからず指摘できる。

私たちは陸自・海自・空自の三自衛隊を一口に自衛隊と総称するが、決して一枚岩的な組織とは言えない成り立ちと仕組みになっている。文民統制へのスタンスも、三自衛隊が足並みを完全に揃えているわけでもない。

例えば、三自衛隊の内、一三個師団、約一三万人の定員を持つ最大組織である陸上自衛隊は、朝鮮戦争の開始に伴う国内治安維持の任にあたる武装勢力としてアメリカの強い要請と指導の下に一九五〇年に創設された警察予備隊を前身としている。陸自は日本の軍国主義の復活を警戒するアメリカをはじめ、連合軍諸国からの強い監視の下に創設されたこともあって、一部の例外を除き、旧軍関係者は極力排除された。文字通り、新軍隊として創設されたのである。

それに引き替え、第六章でも少し触れたが、海軍と海上自衛隊の連続性に関しては、吉田茂首相の軍事ブレーンであった野村吉三郎（元海軍大将、元駐米大使）や保科善四郎（元海軍少将、軍務局長）らの影響下に、山本善雄《やまもとよしお》（元海軍少将）や秋重実恵《あきしげじつえ》（元海軍少将）らが集結した「準備委員会」（通称、Y委員会）によって一九五二年に海上保安庁内に海上警備隊が創設され、それが海上自衛隊の前身となった経緯がある。

つまり、海自の場合には陸自と異なって旧日本軍の組織論や教育論がストレートな形で持ち込まれたこともあって、陸自以上に文民統制という戦後における政治による統制には強い拒否感が存在していると見てよい。本書でも触れたが、海自幹部のアメリカ政府を動かしてのインド洋へのイージス艦の派遣強行や、海幕長の参事官制度見直し要求などの言動は、そうした海自創設の経緯と無関係ではない。

このように、創設の経緯に明らかな違いが認められる陸自と海自に加え、旧軍には存在しなかった航空自衛隊が加わり、陸・海・空の三自衛隊が編成された。これら三軍は有機的かつ調和的な統合という点では依然として深刻な課題を抱えたままである。

これに加えて自衛隊は、防衛政策の一貫性が政局の変化によって損なわれてしまう現状に不信を募らせもしてきた。また、自衛隊の存在や制服組幹部の発言力が低位に見積もられてきた現実にも不満を抱いてきた。

こうした現状を打開するため、防衛戦略の確立と自衛隊組織の独立をめざす制服組幹部たちにとっては、現行の文民統制は足枷以外の何者でもないのである。とりわけ、その意識は海自幹部に特に強い。

旧軍との連続性

自衛隊の前身である警察予備隊から保安隊に至る再軍備の過程で、装備面や編成面ではアメリカ軍に倣い、軍隊指揮権は内閣総理大臣に帰属することとなった。そして、防衛（軍事）行政を内閣行政権に含むなど、戦前の天皇による統帥権独立制と異なり、欧米型の民主主義体制に包括される軍事組織が整備され、旧軍とは完全に遮断された形式を整えたことになっているのは先述のとおりである。

しかし、その中身を探っていくと、様々な点で旧軍体質を完全には払拭しきれていない実態が浮かび上がってくる。

例えば、自衛官の人権について言えば、旧軍では上官の命令への全体的服従が、天皇の軍隊の組織原理として確立されていた。「軍隊内務書」の「第二章　服従　第八」の項には、「命令ハ謹《つつしん》テ之ヲ守リ直《ただち》ニ之ヲ行フヘシ決シテ其ノ当不当ヲ諭《さと》シ其ノ原因理由等ヲ質問スルヲ許サス」とし、明白な人権への侵害行為を結果するような命令にも服従が強いられていた。そして仮に命令に不服従の態度を示せば、抗命罪（陸軍刑法第五七条）で厳しく処罰されることになっていた。

戦後、自衛隊では、「不当な命令」、「瑕疵《かし》（完全な条件を備えていない状態）ある違法な命令」、「重大な瑕疵ある違法な命令」と命令を三区分し、不当な命令には服従すべきではなく、残りの二つの命令には一応「服従」してから、異議を唱えることが「適当」とする教育が一貫して行われている。つまり、自衛官の人権は保証されているように受け取れる。

しかし、「自衛隊法」（最終改正平成二七年九月三〇日、法律第七六号）の第五七条には、「上官の職務上の命令に忠実に従わなければならない」との規定があり、現実には上司の命令には原則として逆らえない実態がある。同じく敗戦国であるドイツの軍隊において抗命権が留保されている点と比べても、自衛隊において人権が必ずしも保証されているわけではない。ここからは、旧軍の体質をいまなお相当程度引きずっている、と言わざるを得ない。

自衛隊の憲法認識

また、自衛官は現行憲法にどのようなスタンスを採ることになっているだろうか。

日本の文民統制は、軍隊を統制する方法を明記しなかった現行憲法の穴を埋めるために案出された、言うならば苦肉の策であり、それ自体が実は矛盾に満ちた不完全な制度であることはこれまでも繰り返し述べてきた。

しかし、憲法には公務員の憲法遵守義務をはじめ、国家の構成員や組織が守らなければならない規定が明文化されており、間接的ながら自衛隊という国家組織が、憲法の示す規範や原則から逸脱することを諫《いさ》めている。例えば、警察予備隊時代には、入隊にあたっての宣誓書の文面において「私は、日本国憲法及び法律を忠実に擁護」するとの一文が明記されていた。

しかし、自衛隊創設時に、その「憲法擁護」の文字が削除されてしまった経緯がある。自衛隊側の理屈では、そもそも現行憲法には軍隊の存在を全く想定しておらず、自衛隊に関わる条文が一切不在である以上、そのような憲法に忠誠を誓うことはナンセンス（無意味）だとしたのである。

後にこの問題は一九七三年九月一九日の参議院内閣委員会で取り上げられるところとなり、田中角栄内閣の山中貞則《やまなかさだのり》防衛庁長官が「憲法宣誓」の一文を追加するとの答弁を行った。その後、自衛隊では入隊時における宣誓書にこの一文を追加する措置を採ったが、隊内教育において、憲法遵守の精神や思想が重視されるようになったかについては疑問が残る。

そして、自衛隊幹部は憲法への眼差しと同様に、現行の文民統制にも極めて冷淡であり、本気で文民統制に服する雰囲気にないことも繰り返し述べてきた通りである。自衛隊が国民からの認知を充分に得られていなかった時代には、その雰囲気が外部に漏れ伝わることへの注意は怠りなかった。

しかしながら、昨今にあっては、むしろ意図的とも思えるほどに文民統制への冷淡な雰囲気が自衛隊の外部に伝わるようになっている。こうした状態は、ただ単に自衛隊の活躍の場が「国際化」してきたという理由だけでなく、実は自衛隊創設以来、その内部に刻み込まれてきた憲法認識に依るところが頗《すこぶ》る大きいと思われてならない。

自衛隊創設一年前の一九五三年二月に保安隊の幹部として入隊した旧軍関係者によって作成された「現段階に於ける新軍建設に関する部内文書」には、「新軍は世界人倫の最高原理たる道義を本源とする真武たるべきものとし、新軍は之に拠《よ》り、我が民族の生命を維持し、正義を守護し、国家を保全するをその使命」とすべきだとし、さらに「過去の日本軍は忠君愛国の精神に根基をおいて如実に之を具現した」と記されていた。なお、文書内の「新軍」とは創設が予定されていた自衛隊のことである（同文書については、纐纈厚『侵略戦争』ちくま新書、一九九九年、参照）。

旧軍出身の幹部たちは、保安隊や新しく創設される自衛隊が、旧軍のような精神的支柱としての天皇を直接的に戴けない実情から、その分より一層日本民族の優秀性や理性的愛国心、国家への忠誠を説くことに必死であった。

とはいえ、そのような旧軍の精神的基盤が、そのまま「新軍」である自衛隊に受け継がれている、とはにわかに断定できない。とりわけ、全く戦争体験を持たない戦後生まれの防衛大学校卒業生が、自衛隊幹部として登場している今日、時代錯誤的な旧軍の体質がそのまま自衛隊に脈打っているとは言い難い。

しかし、たとえそうだとしても、自衛隊の幹部たちの究極の目標は、国家の防衛であり、国民の防衛でないことも明らかである。

例えば、陸上幕僚監部編『精神教育』（一九六二年刊）には、自衛官の精神・思想教育の柱として「日本民族の優秀性」や「理性的愛国心」が強調されていたし、かつて海上自衛隊幹部学校長であった筑土辰男《つくどたつお》海将は、第一義的に防衛努力を集中する対象は「国土」であると明快に論じていた（『海幹校評論』一九七一年九月号）。

超法規的発言で解職された栗栖弘臣も、その後『軍事研究』（一九八九年三月号）で天皇を「自衛隊統合の象徴」と明言しており、最高指揮官である内閣総理大臣の位置についての否定的な見解を披瀝していたのである。さらに、元東部方面総監の増岡鼎《ますおかかなえ》は、社会党が顕在であった一九八九年に、以下の内容を公表していた。

すなわち、「政権が社会党をはじめとする左翼政権に移行した時、これをそのまま国民の意志として率直に受け入れるわけにはいかない。今の自民党を中心とする政権、つまり議会制民主主義による政権下にあることを前提として作られたのが自衛隊なので、もしそういった事態になったとしたら、その下に働くことを潔《いさぎよ》しとせず去っていく者が多数に上ることであろう」（『軍事研究』一九八九年一一月号）と。増岡の発言は、ほとんど恫喝に等しい内容である。自民党政権しか認知しないという発想自体、開かれた民主主義国家にあって、軍隊は中立を堅持するべきとする基本的スタンスから逸脱するものである。

このように、現職の制服組幹部ばかりか制服組のＯＢたちまでが、自衛隊の機関誌や紀要など、いうならば仲間内の雑誌とは言え、堂々と本音を繰り返し語っている。そこから見えてくるものは、自衛隊組織が戦後民主主義に適合的な存在として、その正当性を得ようと努力する姿ではない。そうではなく、自ら描く国家観や社会観に適合する組織として自衛隊が存立している、という強烈な自負と自信である。

以上の点からも明らかなように、自衛隊の文民統制への反発には、その創設以来の経緯が色濃く投影されている。昨今、その文民統制への批判をさらに強めている現状は、彼ら自身が何処まで自覚的かは別にして、文民統制の制度を潰すことによって、文字通り「新日本軍」創設の機会としたい、とする意図を抱いていると見られても仕方ないであろう。

自衛隊と民主主義社会との共存をとりあえず図ろうとする立場からすれば、自衛隊を旧軍の体質を継承した新日本軍へとシフトさせないための制度としての役割が文民統制に課せられている、と評価すべきであろう。制服組幹部は、実はそのことを熟知しているがゆえに、様々な試みのなかで、文民統制の形骸化を図ろうとしているのである。

2　制服組の文民統制観

統合運用をめぐる角逐

本書ではすでに統合幕僚会議から統合幕僚監部への組織再編と統合幕僚長の権限強化の過程を追ったが、ここで改めて自衛隊がこの間一貫して追求してきた「統合運用」の実態化に関連して制服組の文民統制観を多少の重複を含め振り返っておきたい。もう一度時間軸を一九七〇、八〇年代まで戻したい。

制服組幹部が抱く文民統制への拒否感の理由の一つとして、三自衛隊を有機的に繋ぐ一貫した「防衛戦略」と呼びうるものが事実上存在しないことはすでに触れた。かつて三自衛隊の部隊の運用や行動計画について調整のために統合幕僚会議が設置された経緯があったが、その時点では「統合運用」が円滑に進められているとはとても言い難い状況下にあった。

それで、二〇〇二年四月五日に出された「『統合運用に関する検討』に関する防衛庁長官指示」には、自衛隊の任務を迅速かつ効果的に遂行するために、総合的な見地に立って有機的に運用されることが必要と記されている。

つまり、共通する目的を達成するために二つ以上の自衛隊部隊を単一指揮の下で動かすことを目的とするのが統合運用であり、最終的には陸・海・空の三自衛隊部隊から編成される統合部隊を単一指揮官によって作戦遂行できる体制を整備することにあると思われる。

この統合運用をめぐっては、自衛隊創設時に航空自衛隊が創設されたこともあり、陸・海・空三自衛隊の統合調整にあたる統合幕僚会議の設置が議論されるところとなった。

様々な議論が交差する中で、統合幕僚会議議長は陸・海・空三幕僚監部に対する指揮権を保有せず、ただ防衛警備計画の立案・調整や長官補佐という限られた権限しか与えられない形になった。三軍が指揮権を保有しないということは、文官である長官の指揮権を正面から認めることを意味し、その限りでも文官スタッフ優位制の体裁が内実を含めて整えられることになった。

このような過程を経て創設された統合幕僚会議であったが、以後も、その権限を拡大し、文官スタッフ優位制をあらためさせたいとする制服組の要求は強まる一方であった。とりわけ、一九七八年に合意された、有事における日本自衛隊とアメリカ軍との共同対処行動を取り決めた「日米防衛協力の指針（ガイドライン）」は、自衛隊に自在に動き得る正真正銘の「軍」としての質を要求するものであり、この流れのなかで、すでに取り上げたように、同年七月には栗栖統幕議長（当時）の「超法規的発言」と、福田赳夫首相（当時）が有事法研究の促進を防衛庁長官に指示するという事態が生じている。

このように自衛隊を取り巻く環境が急速に変わるなか、一九八三年一一月九日にレーガン大統領が来日し、日本の一層の防衛努力を求めたことに呼応するかのように、同年一二月二日、「防衛庁設置法」の一部改正が公布された（一九八四年七月一日施行）。

要するに防衛庁の内部部局の官房長や局長ら文官スタッフが有する防衛庁長官に対する補佐権限を縮小し、その一方で統幕会議事務局が扱う事務範囲を拡大するというものであった。文民統制の具体的な目標が防衛庁長官の文官スタッフによる補佐権限だとすれば、これは明らかに文民統制の内実を薄めていくことに狙いがあったと言える。

それまで防衛庁では、防衛庁長官が行う陸・海・空三自衛隊の基本的な実施計画の作成についての三自衛隊の各幕僚長に対する指示や、各幕僚長が作成した基本的な実施計画に対する承認などを、文官（シビリアン）のトップである防衛事務次官と官房長、それに防衛局長をはじめとする一〇名の防衛参事官によって構成される内局が、これを補佐する仕組みとなっていた。

内局が補佐する内容は、防衛予算や人事など行政事務（軍政事項）に限らず、訓練運用や部隊行動など防衛事務（軍令事項）の区別なく、最終的には防衛庁内部部局の文官（シビリアン）が防衛庁長官を補佐する名目のもとで統轄していた。これが文字通りの文官優位スタッフ制であり、日本型文民統制と称される内容であった。

臨調が示す国家目標への対応

以上の諸点だけ取り上げると、アメリカの要請を受け入れつつ、自衛隊制服組の独走に政府・防衛庁が手を貸していると思われがちだが、根はもっと深いところにある。文官スタッフ優位制の見直し（＝事実上の骨抜き）は、アメリカの要請を後ろ盾とする制服組の単独行動ではなかったのである。

一九八〇年代に入り、戦後、日本国憲法の制定に伴い築かれた政治システムの見直しが進められる。とりわけ、鈴木善幸《すずきぜんこう》内閣時に設置された臨時行政調査会（臨調）においては、その初会合（一九八一年三月一六日）以来、次々と国家目標や政府の役割についての提言が行われた。

そのなかで、一九八二年二月二〇日に公表された同調査会の「防衛行政改革案の素案骨子」において、統合幕僚会議の機能を強化し、陸・海・空三自衛隊の上に立つ統幕会議への昇格、中期業務見積もりの国防会議への諮問の制度化、日米安保体制の枠内での〝防衛力の主体性強化〟などを中心とする基本構想が打ち出されたのである。

このときからすでに自衛隊および自民党国防部会では、アメリカの統合参謀本部に倣って三自衛隊の統合運用を行う統幕会議への転換を模索していたのである。従来型の三自衛隊の調整機関から指揮・命令機関への転換の背景には、近い将来におけるアメリカとの軍事共同体制を築き上げるために、自衛隊の統合運用が不可欠とする強い判断があったことは間違いない。

それでは、同調査会の文民統制そのものへのスタンスはどのようなものであったのだろうか。

同年五月二九日に発表された報告書には、「軍事技術及び部隊運用は、今後より専門化、高度化していく。このような状況に対応した的確な文民統制が必要であり、このため、その組織を一層整備し、運用面においても一段と徹底を期さなければならない」とあった。軍事の専門化・高度化に対応するために、的確な文民統制が必要であり、そのためには統合幕僚会議の権限強化を前提とする内局の見直しも必要である、という見解である。

現行の内局主導による文民統制は、アメリカとの軍事共同体制の形成には不向きであることをストレートに指摘するこの見解こそが、今日まで続く文民統制の見直し論の根拠となっているのである。

このような純軍事的な発想からする文民統制見直し論が提起されてきたそもそもの背景には、「第二臨調第一次答申」(一九八一年七月一〇日)に盛り込まれた「国際社会に対する貢献の増大」という文言に示された日本の国家目標の存在がある。同調査会の基本認識は、戦後日本が、平和憲法に規定された平和国家の建設を誓うことで復興を果たし、一定程度の民主化を成し遂げたとしたうえで、世界有数の経済大国となった今日、平和主義の看板を後方に追いやって、それと引き替えに「国際貢献」の名による海外への様々な領域における展開による国益の伸張を求める時代が到来した、とするものである。

自衛隊にその「国際貢献」の実行者としての役割を期待するためには、国際社会で「軍隊」として認知されるための防衛行政と防衛機構の整備が必然である、というところから文民統制の見直し論が提起されてきたのである。

この、政治および軍事における国際社会への積極的な参入を「国際貢献」の名で語ろうとするレトリックは、およそ一〇年後の湾岸戦争（一九九一年一月）の際に盛んに登場することになるが、すでにこのときから国家目標の転換という絡みのなかで噴出の機会が模索されていたと言えよう。

ガイドラインが文民統制見直し要求に拍車をかける

臨調による一連の行政改革のなかで具体的な文民統制の見直しが推し進められることになったことを見てきたが、そもそもその発端は、一九七八年一一月二七日に日米安全保障協議委員会で決定された「日米防衛協力の指針」（ガイドライン）の前後期に求められる。

ガイドラインとは「有事」に備え、自衛隊とアメリカ軍とが共同して対処する行動指針が合意されたもので、自衛隊がアメリカ軍と同様に「軍隊」として機能することを強く要請されることになったのである。そうした状況を見越して防衛庁は、「中央機構の改革案」（一九七八年六月）を作成しており、そこには三自衛隊の統合運用、指揮命令を徹底するための統合幕僚会議の機能強化、アメリカ軍と自衛隊との共同作戦行動を迅速に進める情報機能の充実と一元化が主要事項として明記された。

しかし、動き始めていたのは、防衛庁ばかりではなかった。自民党のいわゆる国防族の集まりである国防問題研究会も、その翌年一九七九年六月八日に「防衛二法改正の提言」を発表し、そここでは「防衛庁長官が、統合指揮幕僚機関を直接掌握し、文民統制の確立と軍事的合理性の調和を計るため、内局は防衛行政事務（軍政）事項を、統幕会議は戦略、行動、訓練運用（軍令）事項を並立して長官を補佐するよう改正する（「自衛隊法」第二〇条の改正）とされていた。

内局の役割を軍政事項にのみ押し込め、軍令事項については統幕会議が完全に掌握する、軍政と軍令の二分化という提言がなされたのである。このこと自体、文民統制の役割と機能を全面否定するに等しい内容であった。なぜならば、戦前期日本の軍事機構では軍政と軍令が完全に二分化され、軍令権（＝統帥権）が独立していたことが軍の独走を許した大きな原因として記憶されていたからである。

しかも、同提言では、統幕議長を国務大臣の地位と同等の認証官として、軍令事項を完全に掌握するとされていた。これは間違いなく、事実上の〝文民統制解体論〟と呼んで良い提言である。また、一九八〇年代における改憲案においては、自衛隊の最高の指揮監督権者である内閣総理大臣の位置を規定した「自衛隊法」の第七条を、そのまま憲法にシフトさせようとする提案がなされたこともある。

すなわち、自民党憲法調査会総括小委員会の中間報告（一九八二年八月一一日）の「第二章　自衛隊」では、憲法第九条第二項を「わが国の平和と独立を守り、国の安全を保つため、自衛隊をおく。内閣総理大臣は、内閣を代表して自衛隊の最高の指揮監督権を有する」と記しているのである。

「自衛隊法」の〝憲法化〟とでも言える着想が、八〇年代の改憲案に早くも登場してきていたこと、そして戦後日本の基本的な枠組みを改編することを実際目的として登場した臨調の一連の動きのなかで、文民統制の実質解体が目指されていたことの意味は、行政改革の名の下で防衛機構や防衛行政の自立が、ひとつの国家目標あるいは国家戦略として検討されていたことの証拠である。

そうした点からも、文民統制見直し論は、実に制服組だけの独走として提起されたものではなく、ある種の国家意思としてとらえる必要がある。

派兵国家日本に適合する文民統制を求める動き

一九九九年の「周辺事態法」から、アメリカを襲った同時多発テロ事件を挟んで、「テロ特別措置法」から「武力攻撃事態対処法」に至る一連の有事法制が次々と成立するなかで、それまで控えめな立場にあった自衛隊にスポットが当てられるようになった。とりわけ、「イラク特別措置法」による自衛隊のイラク派兵が決定され、随時各地の部隊が派兵される現実のなかで、自衛隊が一定の国民的理解と共感を得ているという自負を抱いていることも確かである。

派兵自体は政府の決定によるものであって、自衛隊自らが進言したわけではないにせよ、彼らの意識のなかには、戦場と化しているイラクの地に出動することは、表向きは「国際貢献」だが、本音では日本という国家への貢献だと捉えているはずである。

つまり、自衛隊は危険地域にあえて活躍の場を求めることによって、日米同盟関係を体現し、日本の「国益」に貢献しているとする考えである。

イラク人への「人道復興支援」は、あくまで日本政府の示したスローガンであって、自衛隊にとっての内実は自衛隊の海外展開の実績と訓練を積むことによって、実戦経験を持つ本物の〝軍隊〟へと脱皮することである。その意味でイラクとは自衛隊の〝軍隊化〟の場なのである。

現在、自衛隊はそのような地点に立っている。軍隊化する自衛隊が、その軍隊としての性格を濃厚にしていく一方で、政治や社会全体からの自立の志向を強めていくことは、ある意味で当然の動きと言える。昭和初期における旧日本軍が、満州事変を嚆矢《こうし》に戦場体験を積み重ねる毎に、その勢いを増していき、政治の判断とは別に独立した判断を強く押し出していったように、イラクでの戦場体験の蓄積が民主主義社会への従属を原則とする文民統制を忌避する意識に拍車をかけているのではないだろうか。

そうした流れの帰結として、二〇一九年七月、自衛隊がトランプ米大統領の呼びかけで対イラン包囲網の一翼を担うべく有志連合への参加を要請されるに至っている。この流れは決して外圧としてだけでなく、自衛隊の内側からも、ある意味政府への働きかけが少なからずなされていよう。かつて海自のイージス艦の派遣を要請した自衛隊幹部の動きのように。有志連合への参加は現時点で決定されていないが、内圧としても派遣への衝動が自衛隊内で渦巻いていることも間違いないであろう。

終章　文民統制の原点に立ち返るために

1　文民統制をめぐる戦後論議の中身は

シビリアン・コントロールと文民統制のあいだ

これまで述べてきたように、シビリアン・コントロールの歴史を辿っていけば、それが戦争政策に直結するものでは必ずしもないことが判る。

少なくとも戦後日本に導入された文民統制の原語としてのシビリアン・コントロールとは、本来、軍の存在を前提とし、そこで認知された軍を政治が統制しつつ、政治の延長として戦争をも外交政策のひとつの選択肢とすることを了解したものであった。

文民統制の役割について、憲法学の視点から多くの論考を発表してきた古川純《ふるかわあつし》は、「今日、『自衛隊のシビリアン・コントロール』問題がいかにも歯切れの悪い形で議論されるのは、警察予備隊・保安隊・警備隊から自衛隊創設に至る再軍備が、まさに戦争と軍隊を否定する憲法に反するにもかかわらず行われたところに原因があるといわなければならないのである」（『法律時報』第六八三号・一九八四年五月号）と早くから指摘する。

つまり、シビリアン・コントロールとは、軍を統制・管理する意味として一般に用いられてきたが、実はここに戦後日本で文民統制についての議論を窮屈にしてきた理由があるのである。

言うまでもなく、戦後日本は戦争と軍隊を否定した平和憲法のなかで、非戦・非武装の平和主義を国家の基本原理のひとつとして掲げている。しかし、警察予備隊から保安隊へ、さらには自衛隊と続く再軍備が推し進められる過程で、平和憲法下では全く必要ないはずのシビリアン・コントロールの制度を「文民統制」と翻訳して導入しなければならなかったところに、そもそも無理が生じることになったのである。

現行憲法を正確に読み込めば、自衛隊は明らかに憲法違反の存在である。しかし、防衛二法（自衛隊法・防衛庁設置法）という法律を根拠として自衛隊という武力組織が設置され、現実に国家機構の一部として運用されていることも事実である。どのような経緯であれ、現実に存在し、国家によって法規範の形式が与えられている以上、憲法上における自衛隊の位置づけをめぐる論争とは別に、自衛隊および自衛官の動きが法規範一般から逸脱することのないように統制・管理していくことが必要となる。このことは自衛隊へのスタンスがどうであれ了解しておかなくてはならない。実は、そこから文民統制についての生産的な議論が始まるのである。

文民統制に何を期待するのか

このような議論の前提を了解することが、直ちに自衛隊を認めることにつながるのではないか、という警戒感や拒否感を招いてきたこともまた確かである。世界有数の〝軍隊〟にまで成長した自衛隊の前身である警察予備隊が、軍事法制に関する一切の規定を持たない現行憲法下で創設され、内閣行政権の下に直属する格好で設置されたとなればなおさらである。

しかし、「国軍」化を志向するまでに至った自衛隊を現実に憲法だけで統制できない以上、その憲法に替わって、たとえ緊急避難的な措置だとしても現行の文民統制の制度によって武力組織である自衛隊を厳しく統制することが、民主主義を擁護する当面の方法である。しかし、それは従来通りの文民統制のあり方で良いとしているわけでは決してない。

むしろ、文民統制の制度的表現である参事官制度が事実上反古にされてしまったいま、あらためて文民統制が生み出された歴史の経緯と、そこに込められた歴史の役割あるいは理念や目的への再検討を押し進めることが重要であろう。護憲運動と同様に、ただ「護る」だけでなく、文民統制の本来的な機能や役割をどのように活かしていくのか、というスタンスが求められているのである。本書は、実はそのようなスタンスから書き出されたものである。

このように考えるのは、「国際貢献」や「国益保護」の名の下に、自衛隊が外に向かって派兵行為を重ねるなかで、これまで以上に政治力を身につけ、それを背景に内に向かって発言力を強めていき、市民生活との摩擦を生じる可能性がこれまで以上に出てきたからである。

文官スタッフ優位制で、なぜいけないのか

現在、文民統制そのものを拒否する主張は、さすがに見られない。文民統制自体を拒否ないし否定することは、軍の専制支配を前提にするものである限り、今日にあって支持を得られる可能性はほとんどないからである。

制服組から活発に行われる文民統制への批判も、文民統制の必要性自体は認めるというスタンスをとっている。本書の冒頭で取り上げた参事官制度廃止要求の事例も現行の文民統制の否定ではなく、改編を求めたものであることはすでに述べた通りである。

その批判の論点を一言で言えば、戦後日本の独特の文民統制が本来の文民統制と異なり、防衛行政を独占しようとする文官の政治行為に過ぎない、とするものである。かつての参事官制度廃止要求の根底にも、従来から制服組が繰り返し主張していたように、「文民」統制と「文官」統制とを似て非なるものとする見解が見受けられた。

例えば、宮崎弘毅《みやざきひろき》（元陸幕法規班長）は、「欧米民主主義諸国にはみられない防衛庁独特の『文官統制』または『文官優位』の制度のため、文民統制は棚上げされ、かつ軍事的適合性および管理上の能率が欠除（如）していると思われる」と述べ、文民統制と文官統制とを区分し、互いに矛盾するものと断定している（『国防』一九七七年五月号）。しかし、果たしてそうだろうか。

本書でも詳しく述べてきた通り、そもそも戦後日本の文民統制が「文官統制」という形を採ることになった背景には、再軍備が国民的な合意の下で進められた訳ではなく、ひとつの政策としてアメリカの圧力の下で進められたことがある。そこでは、シビリアン・コントロールの本筋である市民による統制や国会による統制という制度および手法を直ちに成立させる余裕がなく、勢いシビリアンを「文官」と解釈しつつ、武力組織を統制する制度を文官スタッフ優位制として選択した。

かつて軍事官僚（武官）が軍事事項も行政事項も一括して掌握した結果、軍の独走と政治への介入を許した苦い経験から、戦後にあっては、逆にこの二つを文民がトータルに把握する内容の文民統制が整えられたのである。

つまり、現行の文民統制の成立史をひも解くと、そこには戦前期日本の政治と軍事との有り様が大きな教訓となって活かされていることが判る。その意味で言えば日本の文民統制は、憲法九条によって間接的ながらサポートされつつ、戦前の政軍関係史を教訓としてギリギリのところで導き出された制度と言える。

ところが制服組幹部らによる現行の文民統制への相次ぐ異議申し立ては、この文官スタッフ優位制に見直しを迫り、文官と武官の対等性を訴えるものであった。そこには日本型文民統制が採用された背景にある歴史的経緯や、憲法九条による間接的縛りから脱しようとする意図が透けて見える。このことは決して「本来の」文民統制を取り戻すという内容のものではなく、文民統制であれ文官統制であれ、シビリアンによる統制や管理から脱して、制服組の権限拡大を目指すものである。

そこでは日米軍事共同体制の強化という方向のなかで、政治を担う文民が軍事の実情を知ることに限りがある以上、文民統制の形式を残しつつ、軍事に関する判断は事実上軍事の専門家に委ねることが合理的だとするのである。その際繰り返し強調されるのが、軍事的合理性と軍事の専門性である。

また、これらの議論と同時に現行憲法に文民統制に関する根拠が不在であることを問題とし、憲法における軍事の役割を明確化することをも主張する議論が目立っている。もちろん、ここでの主張が全て強引な内容とばかり一蹴するつもりはない。

純軍事的な観点から言えば、確かに自衛隊の最高指揮監督者である内閣総理大臣の権限は、現行の内閣行政権が必ずしも総理大臣の専制を認めず、集団指導体制を敷いている現実から軍事の論理に適切でないかも知れない。また、議会においても防衛に関する権限規定が不在であり、議会統制の側面からしても課題は残っている。

しかし、これらの点においても、そもそも憲法の原理は非軍事的な手段による国内の安全確保と諸外国と関係構築を前提としており、そうした大前提を無視した軍事合理性を最優先しての議論自体を問題とされなければならない。また、議会による民主的統制が制度的に不十分であるというが、一九九一年一一月には衆議院に安全保障委員会が、また、参議院においても一九九八年一月には外交・防衛委員会が常任委員会として、それぞれ設置されており、完全ではないにせよ議会による民主統制の機能する体制は整えられている。

先述した通り、かつて制服組の不満の一つに防衛庁長官に対する補佐権限問題があった。自衛隊に関する方針や計画についいては、内局が補佐権を保持し、統幕議長はその下に位置することになっていた。

このような日本独特のラインとスタッフの関係を、欧米に倣って内局と統幕議長の権限とを均衡させることが制服組の宿願となってきた経緯はすでに述べた通りである。その後、統合幕僚会議が統幕幕僚監部へと組織替えされ、防衛大臣への補佐権限が著しく強化された点も繰り返し触れてきた。

だが、そこには二つの課題が十分に検討されていないように思われる。

一つは、日本の自衛隊がなぜ、欧米流の軍として認知される必要があるのか、という問題である。逆に言えば、なぜ国軍化が不可欠なのか、という問いである。平和憲法の縛りという視点で言うのではない。むしろ、それ以上に、国家や社会の安全を確保する最後的な手段として自衛隊の国軍化を急ぐ説得力ある説明がなされているのだろうか。

現在、実に多くの選択肢が用意され、議論されようとしている時に、自衛隊の国軍化が最優先の選択肢であるのだろうか。

二つ目の問題は、国家の安全確保には多様な手段や知恵が編み出されるべきなのに、最初から軍事に依存する着想が露骨であることである。軍が安全確保にどれだけ貢献したのかを歴史の中に教訓として見出そうとするとき、むしろ軍が私たちの自由と安全にとって、大きな脅威であったことを確認しておくべきである。このような軍事最優先の着想自体、安全と自由を論ずるうえで、私たちを思考停止状態に追い込むものである。

国軍化による軍事依存を安全確保の手段として主張する人も多く存在することは事実だが、その場合、そこに存在する危機に対抗するうえで、本当に軍事力が不可欠なのかを十分に検討する余地が残されているように思われる。

軍事的脅威に対抗するうえで、非軍事的な努力をすることが平和憲法の理念であるということに留まらず、軍事的脅威に対抗するに軍事力を持ってする方法が、いかにさらなる軍事的脅威を生み出し、甚大な被害を派生するものであるかを、私たちは戦前の軍国主義の歴史や、さらには現代におけるイラク戦争の現実のなかに見出すことができるはずである。

そうした意味で、いま私たちに求められている視点は複合的なアプローチからする安全と自由の獲得である。

文民統制を真剣に議論してきたのか

制服組が文民統制の見直しに果敢に挑んでいる一方で、この問題に私たちが、どこまで真剣に向き合って来たのかも同時に問われるべきである。我が国では憲法第九条の縛りから、軍事力の保有の是非論や政治体制の軍事化や右傾化についてはさかんに議論する一方で、自衛隊の統制や管理、あるいは防衛政策や自衛隊運用の方向性といった点については、議論らしい議論を積み上げてこなかったように思われる。

文民統制に関しては、自衛隊を批判する立場ではこの制度自体が自衛隊の存在を肯定することに直結すると考え、自衛隊を支持する立場では、この制度が遵守されている限り自衛隊の正当性は確保されると考えてきたのである。批判者も支持者も否認と肯定という二項対立だけに収斂して、現実に存在する約二四万人の武装組織である自衛隊を、この民主主義社会にどう位置づけ、どう統制・管理していくのかという問題関心が希薄なままであった。

現行憲法は軍事力の保有を全く想定していない。

しかしながら、現実には自衛隊が存在する。自衛隊自体は「自衛隊法」や「防衛庁設置法」などの法律で規定はされているが、文民統制については、法的な明文が存在しない。そこでは、政治責任と軍事責任の区別を積極的に容認するのかという問題と、軍事が政治に従属することの保証を何に求めるのかという問題が積み残されたままである。制服組の主張は、ハンチントン流に言えば、自衛隊を軍事の責任主体として、自立した存在として認知して欲しいということである。

しかし、それを認知したとして、本当に軍事が政治に従属するのかについては疑問が残る。特に日本の場合は、憲法第九条が示す徹底した軍事排除の思想の意味をどう捉えるか、という大きな課題がある。この軍をいかに統制・管理するかという問題を素通りして軍事の自立を許容することは、最後的には戦前と同様に軍隊の独走を結果するのではないか、という不安や不信が拭いきれないのである

この問題と正面から向き合うためには、まず政軍関係の基本認識や政軍関係の理想像を早期に見出していくことが必要であろう。

例えば、自衛隊が高度な軍隊組織と軍事機構を有するアメリカ軍との連繫を深めるにつれ、自衛隊もさらに高度な専門的職能集団となっていくはずである。その過程で厳格な規律の下に強固な組織集団として内部的な一体感を強化すればするほど、一般社会との乖離現象をも露呈し始めることは間違いなく、自衛隊制服組に対する文官・文民の統制の必要性が従来以上に高まってくるはずである。しかし、自衛隊組織が一枚岩的な組織として洗練されればされるほど、政治への従属的な関係を意味する文民統制という制度によって押し込められることを嫌悪する傾向は、一層顕在化していくことが予測できる。

結局、自衛隊が民主主義社会と共存するためには、市民社会がその存在を容認し、自衛隊側も同時に民主主義のルールに従うべき合理的な根拠を充分に理解すべきである。自衛隊だけに限定されることではないが、どれほどの高度な組織と人材とを有した専門的職能集団とはいえ、民主主義社会の原理や規範に抵触することは許されないのであり、自衛隊も民主主義社会の規範に則

った組織として自己革新することが求められているのである。

文民統制の解釈をめぐる二項対立から脱して、市民社会や個人の安全保障をどのように構築するのか、という総合的な安全保障論のなかで文民統制論が議論されるべき段階にきているのではないだろうか。

現代における軍事の位置はどこにあるのか

文民統制とは、単に政治が軍事を統制するという単純なことではない。実は現代の政治そのものが内包する軍事の問題、言い換えれば政治が軍事力を用いて、政治目的を達成しようとする危険性をどう防ぐのか、という問題と向き合うことなのである。つまり、文民統制とは政治機構内における軍事権力の配分をめぐる問題である。

しかし、戦後日本の政治において軍事が語られる場合は、大方が防衛政策の内容や防衛力（＝正面装備）の中身についての是非論が中心であった。政治と軍事との関連をどう位置づけるのか、という政軍関係についての議論は広義における防衛問題のなかで、決して中心的な位置を占めることは無かったと言える。

それでは、戦後政治のなかで文民統制の議論が進められてなかった原因はどこにあるのだろうか。

第一の理由は、自衛隊を軍隊と見なすのか、どうかという極めて原点的な問題がクリアにされないまま残されてきたからであろう。文民統制とは、要するに軍隊を政治がどう統制するかの方法論として出発するが、自衛隊が非軍隊と仮定すれば、当然に文民統制の対象ではない、という議論さえ成立する。その意味では、自衛隊を軍隊と見なさない側にとっても、また反対に軍隊だと規定する側にとっても、文民統制は現実味のある課題ではなかったのである。

そこでの問題は、要は自衛隊を軍隊と呼ぼうが呼ぶまいが、高度な専門的職能集団であり、精緻に組織化された国家機構であることをまず受けとめることであろう。

そのような専門的職能集団と肩を並べうるような組織は日本国内には不在だが、この集団が保有する武力装置がどのように機能し、発動されるかについては、自衛隊に対するスタンスがどこにあろうとも無関心ではいられないはずである。

一般論として言えば、軍の統制に関する規定を一切欠いた日本国憲法を戴く我が国にあって、自衛隊という名の軍を統制する制度とその理念を築き上げることは困難な作業であることは間違いない。民主主義とは根本的に相容れない原理によって組織される軍を、それでも民主主義の体制・制度のなかに取り込まざるを得ないとすれば、相応の制度上の整備と認識の共有化が求められる。

民主主義の担い手側からの一方的な文民統制論は、統制や従属を強いられる軍からすれば、民主主義の名による〝専制〟としか受け止められない場合もあり得る。軍自体が民主主義の規範や原理を会得していくことが必要であるものの、そこには軍としての組織原理との葛藤が生ずる。軍があくまで民主主義社会に不可欠な存在として安定的な認知を獲得するためには、〝民主的な軍〟として自己革新を遂げることが求められているのである。

その場合は、民主主義社会の構成員が、広義における安全保障体制を築き上げていくうえで、軍の役割を一定程度に評価することが前提となる。軍の存在が民主主義の安定と成熟にとって危険なものであり、脅威だと認識される限り、そのような軍の自己革新も無駄に終わってしまう。軍がこの社会にあって正当性を獲得し続けるためには、民主主義社会の規範や原理に適合する組織として改編しなければならないということである。

我が国の自衛隊も同様である。自衛隊内部に潜在する主権国家の正真正銘の軍として認知されたいとする強い欲求は、いまや誰の目に明らかだが、その欲求を文民統制の本来の目標が何であるかを充分に理解しないまま実現させようとすれば、民主主義社会との軋轢・摩擦が生じることは避けられない。現に第一章で追ってみたように、いくつかのその事例が指摘されているのである。

文民統制が、民主主義社会のなかで自衛隊の存在を容認するための唯一の手段・方法である限り、文民統制の基本原理や目的を熟知することは自衛隊自身にとっても重大な課題で有り続けるはずである。自衛隊が文民統制の形骸化や空洞化を労するような行動を採った場合、それは直ちに自衛隊自身にとっては致命的とならざるを得ないのである。

その意味で文民統制とは、自衛隊が自衛隊として存続し続けるための最後の手段である。その文民統制の内実を否定するような行為は、自衛隊にとっても厳に慎むべきであろう。また、自衛隊の存続を容認する制度として文民統制を捉える側にとっても、自衛隊の即時解体が非現実的である以上、現実に存在する自衛隊を統制する方法としての文民統制の内実の充実を図ることが何よりも先決事項となる。

かつて王の軍に対抗するために、議会の軍をもってしたクロムウェル（Oliver Cromwell、一五九九～一六五八）が結局は軍事力を政治力に転化し、専制権力を握ってしまった歴史に触れたが、私たちも対抗軍事力を形成する選択を用意しない以上、あくまで民主主義の規範と原理、さらに平和憲法の原理と規範に則って自衛隊を統制していく以外ないのである。

ただ、このような従来型の文民統制の強化という点だけに縋《すが》っていて良いわけではない。軍事力による国家防衛・市民防衛の不可欠性の主張は、昨今の国際情勢からしても、市民社会一般には依然として強い支持があることも率直に認めなければならない。

日本だけが憲法九条の規定に従い、戦力不保持に徹することへの不安感は拭いきれない現実も確かにある。

そのような実態を踏まえた上で、それでもなお軍事的安全保障論の非現実性を説いていく努力が今後とも粘り強く続けられなくてはならない。

軍事的安全保障に替わる人間的安全保障、さらには民衆的安全保障など活発な議論がなされてはいる。民主主義の原理に忠実であろうとすれば、そのような軍事的安全保障に替わる議論の喚起と制度化への努力は当然の目標として設定されなければならない。

しかしながら、現実に存在する軍から目を逸らすわけにもいかない。新しい安全保障論が市民社会や国際社会に受け入れられ、制度化されるまで、文民統制は当面、たとえ過度的であれ、現実の民主主義を安定化させるためにも不可欠な制度ということになる。

2　どのようにして防衛論議を深めていくのか

戦後防衛論議のなかの文民統制

ところで、戦後の防衛政策をめぐる論争自体のなかに、文民統制への接近を希薄にさせてきたスタンスが色濃く孕まれている。具体的には第九条と集団的自衛権をめぐる論争である。

確かに第九条は軍隊の存在を全面否定してはいる。

しかし、軍隊と呼ぶに相応しい実力を持った自衛隊が現実に存在する以上、その自衛隊を規制する現実的な制度としての文民統制が充分機能しないことには、あまりにも危険が大き過ぎる。第九条を中心とする現行憲法を護ることも大切だが、同時的にこの危険な武力集団を監視・統制する民主的な制度を絶えず検証し、強化していくための議論や行動が不可欠であろう。

集団的自衛権は言うに及ばず、「専守防衛」の用語に示される個別的自衛権の行使の機会を許す、許さないというレベルでの議論にも、文民統制の観点からする判断が必要となってくるのではないか。

例えば、集団的自衛権への実質的な踏み込みである自衛隊のイラク派兵が、文民政府の判断として強行され、それが最終的には内閣総理大臣の判断によって実行されたとすれば、それは文民統制という枠組みのなかで実行された政策となる訳である。

つまり、文民統制の下で自衛隊の本格的な海外派兵が決定したことになる。問題は、そこでは、国会や世論など文民統制を構成する要素が完全に無視ないし棚上げされ、首相の権限という狭い意味での文民統制の枠組みのなかで、将来禍根を残すかも知れない政治選択が行われた点にある。

現在、そのような形で極めて限定的な文民統制が機能しているとすれば、当然そのようなあり方について、根本的な議論の対象とする必要があるだろう。つまり、完全に形骸化された国会による文民統制の問題を、圧倒的に派遣反対の声が強かった世論に逆らってまで派遣が強行された事実なども含め、議論することが求められているのでる。

3　理想としての文民統制の形とは

文民統制と言う場合に「文民」を非軍人としてのみ解釈することは間違いであることは、すでに述べた通りである。かつてドイツ国防軍を完全に掌握したヒトラー（Adolf Hitler　一八八九〜一九四五）も、また、革命の防衛を任務とした赤軍を前身とするソ連国防軍を共産党の支配下におくことで事実上独裁的な軍事指導を行ったスターリン（Iosif Vissarionovich Stalin　一八七九〜一九五三）も非軍人である。

非軍人でありながら、両者は軍部を自らの政権の基盤とした。ヒトラーは軍隊の暴力を内外に用いながら独裁権力を振るい、スターリンもファシズムと全体主義との違いこそあれ、独裁者として存在しえたのもソ連国防軍という強力無比の武装組織を背景にしたからでもあった。

従って、「文民による軍事統制」を文民統制の基本パターンと捉えるのは正しくはない。この場合、軍事統制の任に当たる文民が、どれだけ民主主義のルールに則る形で軍事統制にあたるかが問題なのである。より具体的に言えば、文民統制とは、立法・行政・司法の三権と国民とが、それぞれが軍事統制の資格と要件を備え、発揮することで初めて実効性を持つものである。選挙によって選出された国会議員が国民の意思や立場を代弁する形で、軍隊への統制を行い得る包括的監督権を有する。従って、文民（シビリアン）は、常に軍隊を監視しつつ、議会の場を利用して予算面から軍隊の統制をはかる責務があるのである。

その議会（立法部）は、防衛予算を可決し、防衛政策の監視を行う。具体的には政府（行政部）は文民による首相と閣僚によって構成され、防衛政策を執行する。その場合、文民閣僚の一人である防衛庁長官が、その統轄責任者として自衛隊を平時においては指揮監督する。防衛庁長官（現防衛大臣）には、副長官と二人の長官政務官が防衛政策について長官を補助するが、全て文官である。防衛政策の企画・立案や防衛判断には安全保障会議が内閣の下に設置されている。

また、防衛事務は、他省庁と同様に一般行政事務として内閣の行政権に組み込まれており、その内閣が国会に対し責任を負う。国会は自衛隊の出動ある場合には、事前承認（「自衛隊法」第七六条）または事後承認（「自衛隊法」第七八条）を行うことで、具体的な指揮監督権を発揮する。さらに、裁判所（司法部）は、国民の基本的人権が防衛政策の実行によって侵害されることのないよう監視する役割などを果たす。

このように、民主主義を基本原理とする政治機構のあらゆる部門において、自衛隊を統制する役割期待が設定されているはずである。しかし、それが自衛隊の存在の曖昧さも手伝って充分に明文化されていないこと、そして圧倒的な与党議会となっている現状ゆえに、国会による民主的統制は形骸化されていく一方である。

例えば、成立以後すでに二〇年近く経つ「テロ対策特措法」（二〇〇一年一一月一二日施行・公布）では、自衛隊の海外派兵の事前承認が不要とされた。事前承認の是非の権限として保持されていたはずの民主的統制の途が、またひとつ閉ざされたのである。

このことは、国会が自衛隊の海外派兵という重大決定に直接的にはタッチできない状況を認めてしまったことになる。国会の民主的な議論の積み重ねのなかで、派遣を決定したのならばいざ知らず、それが皆無であったことは国会の文民統制の放棄と受け取られても仕方ないのである。

日本型文民統制の課題と改善点は何か

それでは日本型文民統制の改善点は、一体どこにあるのだろうか。そのことを正面から論じることを通して、文民統制議論への新たな視点を求めておきたい。

第一の視点としては、自衛隊の前身である警察予備隊が文字通り警察組織の延長として創設されたこともあり、長官を補佐する参事官は大蔵省（現、財務省）など他省庁からの出向組を含め、キャリア官僚であって、必ずしも軍事専門家でない点である。制服組は軍事の高度専門性を理由に権限の委譲と拡大を要求しているのである。

この問題は二つの側面から検討する必要あろう。

一つには、軍事技術の高度化と日米軍事共同体制の強化に伴う日米軍事当局者の緊密な関係強化には軍事専門家の存在が不可欠であるとする制服組の言い分をどう読むのかという点である。たしかに日米軍事当局者および日米両軍の関係は極めて緊密であるが、それゆえに非軍事専門家、文官・文民の視点がこれまで以上に必要になってくる。日本が軍事国家としての側面を全面化しようとするものでない限り、軍事専門家としての制服組の見解は精々のところ付随的なレベルに位置づけて置くことが、民主主義国家としては、文字通り合理的な選択なはずだ。

二つには、高度な専門的職能集団としての自衛隊を今後の日本の進むべき方向のなかで、どう位置づけていくのかということとの関連である。広義における安全保障の確立のために最優先されるべきは、決して自衛隊の防衛力でも自衛隊組織の強大化でもない。

あらゆる選択肢を状況変化に応じて用意し、柔軟な方向性を採りうる市民社会と市民意識の充実こそ、実は安全保障問題の要諦なのである。

硬直した軍事主義の採用は、日本を孤立への道に走らせるだけであり、少なくとも現行憲法の精神とも合致しない。それゆえ、ここでは軍事主義の相対化と広義の安全保障体制、あえて言えば軍事的手段によらない安全保障体制と安全意識の確立を目差すという視座を、どこまで市民意識として共有できるかが問われていることだ。

第二の視点として、国民の間に根強い軍事アレルギーも手伝って、国防問題を正面から論じる政治文化が育たなかったことである。

つまり、特に戦前期における国防思想の徹底普及と国民動員システムのため、戦後になっても軍事＝国防のイメージを払拭できずにいる。言い換えれば、軍事を語ることが同時に国防思想に収斂されてしまう恐れから解放されていないということである。それがために、戦後日本人は平和を口にしても軍事については、あえて口を噤《つぐ》んできたのである。

それゆえ、軍事領域についてはその複雑さも手伝って軍事専門家の独壇場となってきた。つまり、上からの議論か、あるいは防衛庁・自衛隊周辺の外郭団体が主催する学会や雑誌における議論がオピニオンリーダー的な役割を演じてきたのである。

そのような実態に疑問を呈する意味で、かつて筆者自身も深く関わったが、軍事問題研究会（一九七五年設立）の機関誌『軍事民論』など、軍事問題を〝民論〟として議論していこうとする試みも存在はした。

しかし、全体の状況としては、例えば文民統制の議論は『法律時報』や『ジュリスト』などの法律雑誌か、総合雑誌でも『世界』や『軍縮』（二〇〇五年に廃刊）など、硬派の雑誌で時に応じて取り上げられるに留まってきた。数多の雑誌が出版されながら、そのなかで軍事問題が議論される機会は極めてすくないのが現状である。

文民統制に限らず、広く軍事問題を論じる雑誌や出版がこれまで以上になされても良いように思われる。同時に平和学の発展という状況と併行させて、〝民論〟の立場からする「軍事学」という学問領域も開拓されてしかるべきであろう。文民統制の是非論や修正論などが、政治的な思惑とは別に活発に議論されるべきである。

第三の視点として、防衛問題の扱い方をめぐる問題がある。

かつて冷戦時代において、防衛問題は国会における華々しい論戦のテーマであった。そこでは保守対革新という対抗軸の下で防衛政策や自衛隊のあり方が、ある意味ではホットな問題として注目を集めてきた。議員たちのなかにも防衛問題に強い関心を抱き、徹底した調査研究を鋭意行った者が多かった。

しかし、冷戦時代が終焉して以降、防衛問題が国会の場で正面から議論される機会が格段に減少してしまった。その理由は従来の保守対革新の対抗軸が事実上消滅したからである。国民意識の保守化と国会内の勢力図の総翼賛化という実体が、防衛問題の自在な議論を押さえ込んでいると言って良い。

本来、多様な争点が存在するはずの防衛問題が、いわば国会論戦の場から〝退場〟し、外交問題と共に政府の専管事項として、言うならばトップダウンによる政策決定過程が構造化している現実がある。

そこでは絶えず、軍事的合理性や秘匿性・迅速性などが強調されることになり、議論が国会の場や市民社会に拡がっていかない傾向にある。戦前とは違った意味で、防衛問題が密室の場で処理されていく非民主的な様相が著しい。

そのことは「周辺事態法」（一九九九年）や「武力攻撃事態対処法」（二〇〇三年）、「国民保護法」（二〇〇四年）など、一連の有事法が成立していく過程において顕著であった。また、個人情報保護法やメディア規制法など、いわば言論統制法のなかで、防衛問題を論ずる場が無くなるか、また、報道する側が自主的な〝検閲〟（＝自己検閲）によって議論を喚起する努力を放棄する可能性が益々高まっている。

このような状態のなかで、文民統制の有り様をめぐる開かれた議論を推し進めていくことが求められている。そのためには、こうした点を踏まえつつ、文民統制への新たな視点を逞しくしていく必要があろう。

おわりに

戦前の日本は、その経済力に不釣り合いとも言える強力な軍備を備えていた。それは欧米と比べて、明らかに劣勢であった経済力を補おうするためでもあった。ところが、民主主義が必ずしも成熟していなかったこともあって、この強力な軍事力は政治力によっては充分にコントロールされず、逆に軍事力が政治力を上回る勢いを示す歴史を刻むことになった。

そうした歴史事例を教訓としながら、戦後の日本は、敗戦を機会に軍備を解体し、新憲法で軍備の完全な放棄を誓った。世界史をひも解いても極めて希な非武装という決断を行ったのである。けれども、軍備放棄の誓いは、新憲法発布から、わずか四年後に警察予備隊という名の「軍隊」を創設することで破られてしまう。

再軍備は日本独自の決断ではなかったにせよ、憲法九条が示した軍備放棄の方針は棚上げされたのである。再軍備は、戦前期の日本によって侵略され、あるいは植民地支配を受けたアジア諸国民から反発と不安を招き、警戒心を抱かせることになった。

その反発を鎮め、警戒心を和らげ、同時にあらたに創設された武装組織が政治に介入することのないようにと考え出されたのが、本書がテーマとするシビリアン・コントロール（＝文民統制）

という名の制度であり思想である。

ところで、一九五〇年八月一〇日に創設された警察予備隊は、一九五二年七月三一日に保安隊となり、一九五四年六月九日には自衛隊に組織替えされて、今日では世界有数の実力を持つ武力組織にまで成長している。約二四万の自衛官から構成される自衛隊は、高度に組織化された専門的職能集団でもある。

自衛官は国家防衛を目標とし、極めて強固な団結心で結ばれている。自衛隊を特徴づける高度な技術性・団体性・一体性という性質は、国内における諸組織のなかで際だっている。

そのような自衛隊という武装組織が、仮に自らの組織や権限の拡大を果たすために、その武力を政治力として用いるようなことがあってはならない。だが、現行憲法は、最初から軍備（武力）の保有を放棄しており、軍の存在を全く想定していない。そのため、憲法の規定によって自衛隊を統制することはできないのである。

そこから、武力組織を一個の国家組織として民主主義体制に組み込み、政治領域において独自の行動や判断を許さない方法が、警察予備隊から始まる再軍備以来、重要な課題となっていた。そこで考え出されたシビリアン・コントロール（＝文民統制）の制度は、日本独自のものでは決してない。広義に解釈すれば、軍隊を保有するほとんどの諸国で、例外なく採用されていると言ってよい制度である。ただ、その位置づけや機能のさせ方、制度を支える思想には随分と大きな違いが見られる。

そのなかで、日本の文民統制は、極めて特異な出自を経て生み出された。通常、諸外国の憲法では、その条文で軍隊（国防軍）の役割を規定し、同時に国家機構の一部として、その位置と役割とを明確にしている。だが、日本の場合には再軍備以降、武力組織を統制するために、防衛参事官制度という名の文官統制とも称される制度を、いわゆる文民統制として定着させてきた経緯がある。つまり、日本の文民統制は憲法によって規定されない制度として機能したことになっている。

確かに形式の上では、予算面からする統制や議会による統制など、いくつかのルートによる文民統制が用意はされてはいる。だが、現実にそれがどこまで機能しているかと言えば、評価は大きく分かれる。それで文民統制をめぐる課題もまた実に多い。事実、その課題の多さゆえに、文民統制の改編を迫る動きが、自衛隊の制服組から再軍備開始と同時に一貫して提起され続けてきた。

問題は、それに留まらない。さらに大きな問題は、文民政治家たちのなかにも、これに同調する構えを隠そうとしない一群が現れていることである。これに反して、国民の間で文民統制の意義や目的について共有する認識ができているかと言えば疑問である。昨今、文民統制改編の動きがメディアを通して報道されはするものの、これへのリアクションで目立ったものはない。

かつて安保関連法の改正を推し進めていた安倍首相は、二〇一五年三月二四日、国会答弁中に自衛隊を指して、「わが軍は……」と思わず本音を吐露して問題化した。現行憲法下では、自衛隊はあくまで「隊」として、とりあえず認知されている。そこでは決して「軍」ではないことを歴代の政権は、憲法第九条の主旨に則り厳守してきた。それが法治国家としての大切な約束事である。それが、遵守義務も放棄した格好となっている。その「我が軍」を政治が一体どのように統制可能なのか、ここにきて益々重要な課題となってきた感を抱くものである。

そうした現状を踏まえて言えば、本書で繰り返し論じた通り、あらためて文民統制の現状を追えば判るように、現行の文民統制に不備な点を指摘するのは容易《たやす》いことである。そこから、文民統制の見直しという結論に達する前に、まず、なぜ文民統制が必要なのか、を問うことが求められている。

とりわけ、制服組が主張している文民統制見直しの理由を理解すると同時に、文民統制に一体どのような役割と期待が込められているのかを問い直すことが先決のように思われる。

そもそも文民統制がどのような役割を担って登場した制度と思想なのかについて、いま一度その原点に立ち帰って整理することが大切である。

さらに、最初から現行の文民統制を批判することに主眼を置くのではなく、また、自衛隊の存在を頭から否定するのでもなく、現実に存在する武装組織である自衛隊が、この国の政治や社会と協調関係を築くための、取り敢えず一つの手段として文民統制を捉え、この制度をめぐる様々な問題を指摘することで、いま何が問われているのかを考えてみることであろう。

私は自衛隊という武装組織が民主主義社会のなかで、文字通り、民主主義の規範や原則に則ることが最重要であると考えている。

それで本書は、そのような規範や原則から逸脱しようとする自衛隊制服組や、これに同調する文民政治家たちの動きこそ、民主主義を根底から脅かしかねない動きであることを強調したつもりである。それゆえ、本書では、敢えて言えば機能不全の状態にある文民統制の中身を洗い直し、いまいちどこれを蘇生させるための方途を探り出そうとした。

日本の市民社会と自衛隊とが取り敢えず共存せざるを得ないとすれば、現行の文民統制を再活性化する以外に方法がないことは明らかであろう。自衛隊や文民統制の是非の問題を考えると同時に、私たち諸個人や社会の安全保障が何によって担保されるのか、という問題とも向き合わなければならない。

私たち個人や社会の安全が、文民統制を活性化させることによってどこまで担保されるのか、と言うやや厄介な課題にも背を向けてはならないということである。その意味では、文民統制について語ることは、武力組織を抱え込んでしまった私たちの安全と自由を、どのように確保していくのか、という重大な問題について考えることになるのである。

それでより具体的な提言を、本書でも述べてきたことと若干重複するが、取り敢えず四点だけ示して本書を閉じたいと思う。

第一に、あくまで現行憲法を活かす方向性のなかで、自衛隊の民主的統制を実質化していくことである。

一言で言えば、自衛隊への民主的統制、つまり文民統制が骨抜きにされている実態がある。これに歯止めをかけることが急務であろう。先ずは文民統制の再構築を図ることである。そのためには、自衛隊法のなかに、具体的かつ実践的な文民統制を認知し得る条項の組み込みを検討すべきではないか。例えば、武官が文民に、自衛隊が市民に対し「服従することの誇り」を条文化するのである。

二〇一八年四月一六日、永田町の議員会館前で現職自衛官（統合幕僚監部勤務の三等空佐）が国会議員（立憲民進党小西洋之参議院議員）に暴言を吐いた事件は記憶に新しい。国民の代表者である国会議員への暴言は、国民への暴言に等しい。同事件は、文民統制の基本原理を理解しようとしない実例ではないか。残念ながら、三等空佐には、ここで言う「服従することの誇り」が欠落していたのであろう。

やや紋切り型の言い方だが、自衛隊が守るべきは国家や国土である前に、国民の生命・財産であろう。空洞化著しい現状にあるが、領土・領空・領海の防衛に特化した自衛隊の専守防衛論にも根本的な修正を求めたい。

第二に、本書でも紹介したような自衛隊を市民が監視する市民オンブズマンを設けることである。

現在、自衛隊が市民を監視する自衛隊保全隊が組織されていること自体の問題性を指摘したが、逆に市民が自衛隊を監視するシステムを起動させることが自衛隊統制のひとつの方法であることは間違いないであろう。かつて旧日本軍は軍以外の一般社会を「シャバ（娑婆）」と評して差別化し、一般社会の常識や通念から距離を置いた。

自衛隊は間違いなく高度職能集団である。団結の強化によって、自衛隊が旧軍と同様の状態になりつつあるとは信じたくない。間違っても、そうなることがないように自衛隊と一般社会との風通しを良くしておく工夫の一つとして、市民オンブズマン制度の導入が重要である。

そこでは監視するのではなく、交流する場として位置づけるのが妥当であろう。その基本目標は、自衛隊の民主化である。あるいは自衛隊という組織に民主主義の原理を据え置くことによって、自衛隊の暴走を防ぐことにある。それは言うまでも無く、文民統制の究極の目標でもある。動員・管理・統制を重要な組織原理とする自衛隊組織にとって、自由・自治・自律を基本原理とする民主主義は到底馴染まないとする判断があろう。

しかし、この民主主義の基本原理への無理解が、市民社会や国民との間に埋め難い乖離を生んでいる現実がある。この乖離を埋めるためにも、文民統制の制度と思想とを理解し、文民優越の原則を堅持すべきであろう。

第三に、自衛隊が日本の安全保障の要である、というある種の神話から解放されるべきである。日本あるいは日本国民の安全を担保するのは、物理的装置としての自衛隊だけでは決してないことだ。これだけアジア地域を含め、国際社会全体に及ぶ軍事的緊張関係の深まりに、軍事的側面だけで対応するのは限界があることは誰もが気付いているところだ。

私たちは、ハードパワーにハードパワーで対抗し、対立や軋轢《あつれき》を深めて来ただけの事例を歴史のなかで多くを知っている。ハードパワーにはソフトパワーで柔軟に対処していく知恵や方法を紡ぎだす必要が、益々求められているのではないか。そのためには、国際支援だけでなく民際支援という形で市民外交や市民交流が重層的に企画され、その成果を持って政府に働きかける力が必要であろう。

ハードパワーへの無条件の依存症が身に沁み込んでいる状況を髣髴《ほうふつ》とさせた事例として、最近における日韓関係の軋轢化のなかで、韓国が日韓の軍事情報包括協定（General Security of Military Information Agreement：GSOMIA）を破棄したことへの批判が、日本政府やメディアを中心に巻き起こっていることが挙げられる。日本と韓国での同協定は正式には、日韓秘密軍事情報保護協定（二〇一六年一一月二三日署名）という。

二〇〇七年八月一〇日、先ずにこれがアメリカとの間で締結されたとき、日本国内では過剰な軍事的紐帯関係は自在な外交力の展開上、問題だとする指摘や軍事的運命共同体への参入という視点から、私自身も反対の論陣を張った一人である。

二〇一九年一一月二三日失効予定となったＧＳＯＭＩＡ破棄への反応ぶりのなかで目立つのは、これが韓国バッシングの材料として使われていることだ。そこで疑問として思うのは、日本政府や世論・メディアの安全保障論の捉え方である。特に問題なのは、いつのまにか軍事主義の呪縛に囚われてしまっているのではないか、ということだ。

つまり、軍事関連については、徹底した情報共有によって敵対国に備えることが安全保障の要諦だとする考え方が、本当に正しいのかということである。軍事至上主義の観点からすれば、その通りかも知れない。その一方で情報共有することが、ここで言う敵対国との緊張関係を増幅する結果となり、緊張緩和への処方箋を何時までも獲得できない、一つの理由ともなる。そのことへの判断が後方に追いやられてしまっているのだ。軍事協定にこだわり続けることが、本来の意味での安全を確保することに繋がるのか、ということである。軍事協定は、実は諸刃の剣であることを認識する必要があるということだ。

これは日米安保条約があるからロシアとの北方返還交渉が先に進まないのと同質の問題である。外交目的を達成するために、安保条約やＧＳＯＭＩＡのような軍事協定が阻害要因となっていることも確かである。

また、韓国側からすれば、日本による先の輸出制限措置が事実上韓国を〝敵国〟と見なしたものと認識せざる得ない以上、敵国との間の軍事情報の交換は妥当でないとする判断があったのであろう。そのことを理解しないまま、一方的なバッシングの材料としてみなされるのは、韓国ならずとも耐えられないことだ。ましてや、韓国側には三六年間にも及ぶ日本の朝鮮植民地支配に対し、真っ当な謝罪を回避し続けている日本政府への抜き難い不信感が存在しているのである。

第四に、東アジアの安全保障環境を整備していくためには、軍事主義の発想や自衛隊の軍拡を抑制する文民統制の堅持と強化が益々必要となっていることである。

歯止めなき防衛予算の増大やイージス・アショア配備計画、Ｆ35の一〇〇機以上の購入計画が明らかにされた。このような自衛隊軍拡ではなく、率先して軍縮計画を明示してみせる度量が必要ではないか。日米の軍需産業界を潤すだけの「軍拡の利益構造」（セングハース）からの脱却が必要だ。

日米安保やGSOMIAなどの軍事的運命共同体の呪縛から解放され、ハードパワーではなくソフトパワーに比重を据えた非軍事的安全保障論（人間の安全保障論等）の構築こそ、中長期的な安全保障体制を構築していく展望に繋がっていくはずだ。

日本国内では、北朝鮮の相次ぐミサイル発射実験を脅威と設定し、深刻な不安や脅威と捉えている感がある。韓国はさすがに、二〇一四年一二月に締結した北朝鮮のミサイル情報に限定する日米韓情報共有協定（Trilateral Information Sharing Agreement：TISA）の破棄までは通告してきていないが、この点について日本政府もメディィも現時点で何も触れていない。要するに、GSOMIA破棄だけをことさらに取り上げ、韓国バッシングの好材料がひとつ手に入った程度の反応ぶりである。

また、一九八七年一二月八日、アメリカとソ連（当時）の間で締結された中距離核戦力全廃条約（Intermediate-Range Nuclear Forces Treaty）が、今年（二〇一九年）二月一日にトランプ米大統領の一方的な判断から廃棄された。中距離核戦力（Intermediate-range Nuclear Forces: : INF）として定義された中射程の核ミサイルに関する開発や実践が無制限化されることになった。つまり、ソ連を引き継ぐロシアとアメリカとの間の核軍拡競争への歯止めが外された訳である。

これに対しても日本政府の対応は極めて希薄である。GSOMIA破棄への反発とINF廃棄への無反応ぶりに共通して言えることは、日本政府の軍事主義や軍拡への肯定感である。

GSOMIA破棄を脱軍事主義の機会と捉え、当面はTISAに限定し、これも何れ協議のうえに廃棄していく方向性のなかで、韓国との友好平和条約の締結などを展望していくことが不可欠ではないか。

以上の点を踏まえつつ、護憲による平和主義の徹底と平和実現の道筋をつける一環としての、文民統制の実質化に智恵を絞りたい。「崩れゆく文民統制」とは、言い換えれば「崩れゆく民主主義」や「崩れゆく平和主義」と同義語であることを肝に銘じておきたいと思う。

主要参考文献（＊本書内で記したものは省く）

〈論　文〉

西川吉光「国防会議の設置と文民統制」（『国際地域学研究』第四号・二〇〇一年三月）

西川吉光「戦後日本の文民統制　『文官統制型文民統制システム』の形成」（『阪大法学』第五二巻第一号・二〇〇二年）

寺村安道「明治国家の政軍関係　政治的理念と政軍関係」（『政策科学』第一〇巻第一号・二〇〇二年一〇月）

彦谷貴子「冷戦後日本の政軍関係」（添谷芳秀他編『日本の東アジア構想』慶応義塾大学出版会、二〇〇四年

纐纈厚「文民統制の今日的課題」（『世界』第七三四号・二〇〇四年一二月）

宮本武夫「冷戦後における日本のシビリアン・コントロール」（『敬愛大学　国際研究』第一五号・二〇〇五年）

纐纈厚「これは〝法によるクーデター〟である　陸自幹部改憲案作成事件」（『世界』第七三六号・二〇〇五年二月）

西川吉光「防衛参事官制度の見直しと文民統制システム」(『国際地域学研究』第八号・二〇〇五年三月)
戸部良一「戦前日本の政軍関係」(『防衛学研究』第三三号・二〇〇五年
三浦瑠麗「滅びゆく運命?　政軍関係理論史」(『レヴァイアサン』第四六号・二〇一〇年)
纐纈厚「シビリアン・コントロール　私はこう考える」(『通販生活』二〇一八年盛夏号)
纐纈厚「旧軍と自衛隊」(『法と民主主義』第五三〇号、二〇一八年七月)
纐纈厚「自衛隊改憲案と文民統制」(『月刊社会民主』第七五九号、二〇一八年八月)
纐纈厚「軍部化する自衛隊とイージス配備」(『住民と自治』第六六七号、二〇一八年一〇月)
纐纈厚「安保法制成立以後の自衛隊と安倍政権」(『経済』第二八七号、二〇一九年八月)

〈単　著〉

前田哲男編『自衛隊をどうするか』岩波書店(新書)、一九九二年
西岡朗『現代のシビリアン・コントロール』知識社、一九八八年
廣瀬克哉『官僚と軍人　文民統制の限界』岩波書店、一九八九年
中島信吾『戦後日本の防衛政策』慶応義塾大学出版会、二〇〇六年
雨宮昭一『近代日本の戦争指導』吉川弘文館、一九九七年
三宅正樹『政軍関係研究』芦書房、二〇〇一年
佐藤明広『戦後日本の防衛と政治』吉川弘文館、二〇〇三年

纐纈厚『近代日本政軍関係の研究』岩波書店、二〇〇五年
纐纈厚『文民統制　自衛隊はどこへ行くのか』岩波書店、二〇〇五年
L・ダイヤモンド、M・F・プラットナー編（中道寿一監訳）『シビリアンコントロールとデモクラシー』刀水書房、二〇〇六年
前田哲男『自衛隊　変容のゆくえ』岩波書店（新書）、二〇〇七年
豊下楢彦『集団的自衛権とは何か』岩波書店（新書）、二〇〇七年
武蔵勝宏『冷戦後日本のシビリアン・コントロールの研究』成文堂、二〇〇九年
三浦瑠麗『シビリアンの戦争』岩波書店、二〇一二年
纐纈厚『集団的自衛権行使容認の深層』日本評論社、二〇一二年
半田滋『日本は戦争をするのか　集団的自衛権と自衛隊』岩波書店・新書、二〇一四年
纐纈厚『暴走する自衛隊』筑摩書房・新書、二〇一六年
纐纈厚『権力者たちの罠　共謀罪・自衛隊・安倍政権』社会評論社、二〇一七年
纐纈厚『自衛隊加憲論とは何か』日本機関紙出版センター、二〇一九年
Samuel E.Finer,The Man on Horseback:The Role of Military in Politics,first publiused by Pall amall Press,revised and published in Peregrine（Middlesex:Penguin Books,1969）
EliotA.Cohen, Supreme Command: Soldiers,Statemen,andLeadeship in Wartime（New York: Free Press, 2002）

あとがき

大分時間が流れたが、二〇一二年四月二七日、自民党が「自民党憲法改正草案」（以下、「草案」と略す）を公表した。そのなかでも注目されたのが、そこに自衛隊を改組して「国防軍」とする案が盛り込まれていたことだった。

以後、自衛隊問題が大きな政治課題として浮上してくる。勿論、その前後には既に自衛隊の増殖過程は始まっており、草案もそれを踏まえたものであったろう。

「国防軍」なりあるいは別の改憲案にも登場してきた「自衛軍」なり、兎に角自衛隊を憲法に明記することで、自衛隊の文字通り「軍隊」として位置づける企画が急速に議論の対象とされることになる。

そこには国家主権の徹底した自立性を可視化する装置として自衛隊を国防軍化する意図が露骨に示されていた。それは言うまでも無く、日本国憲法が掲げる「戦力不保持」の理念や目標を正面から否定するものだ。

自衛隊の国防軍化が改憲の目的か、あるいは改憲の手段としての自衛隊国防軍化か。いずれにしても改憲論者や勢力にとっては、自衛隊国防軍化と憲法改定は表裏一体のものとして位置付けられていよう。言うならば、その試みは一石二鳥とも評される手法である。

自民党が結党以来、一貫して追求してきた改憲の動きには、要するに現行憲法がアメリカに「押し付けられた憲法」であり、日本の歴史には必ずしも相応しくない、とする観念が透けて見える。アメリカと協調しつつも、そのアメリカに「押し付けられた憲法」を放棄し、自らの手で自主憲法を制定することが真の独立国家へと脱皮するものとする思い込みがある。

同時に一連の改憲の動きの深層には、要するに現行憲法が日本の再軍備を否定し、その見返りに天皇制を残置するアメリカの対日戦略から誘引されたことはすでに明白にされているが、昨今における象徴天皇制の定着と代替わりも手伝って、ある意味では現行憲法の下では実現困難な自衛隊の軍隊化＝国防軍化が、次の改憲の主要な目的となっている。

そこでは現行憲法において自衛隊という名の事実上の〝軍隊〟及び防衛機構が国家機関の一つとして再定義するためには、改憲が必然とする認識が保守層あるいは世論を突き動かしているのである。事実上の〝軍隊〟である自衛隊が、現行憲法のなかで正当性を得るために設けられた文民統制の制度や思想も、改憲の動きのなかで換骨奪胎の憂き目にあってきたのである。本書で、そのことを繰り返し指摘してきた通りだ。

しかし、政府及び自民党の動きに、アメリカは特に国務省を中心にして警戒感を隠していない。自衛隊が文字通り、アメリカ軍を補完する役割を、引き続き「国防軍」が担うのかについて、その創設意図からして疑問視しているのである。

ただ、トランプ米大統領は自衛隊が憲法に明記されようが、そこで「国防軍」に位置付けられようが、そのことに左程の関心は抱いていないことは明らかだ。要は日本政府がアメリカの軍事負担をこれまで以上に背負い、アメリカの軍需産業の一大市場として兵器購入に積極的であれば、日本の国内事情がどのように変容しても、それ自体は関心の的でない。

現在の日本を取り巻く安全保障環境がアメリカの主導する軍事同盟で規定され、実際上においてアメリカと共同軍の編成を強いられ結果となることは明白だ。つまり、日本独自の安全保障政策を打ち出せないでいる。

この国の安全保障の在り方を決定できないという中途半端な国家が、の主体的な軍事判断は間違いなく絵空事に終わる。集団的自衛権の容認となれば、日本本土が襲われる危機でなくとも、自動参戦の状態に追い込まれるのである。

明らかに構想されている集団的自衛権は日本の国外において集団的自衛を口実にして軍事発動を可能とさせるものだ。言うまでもなく、憲法九条で明確にされている「戦争放棄」の原則を正面から否定するものであり、事実上の改憲である。

それで安倍首相は集団的自衛権の具体事例として公海上で攻撃を受けた米艦船の防衛、米国に向かうかもしれない弾道ミサイルの迎撃、国連平和維持活動などでの他国部隊に対する「駆けつけ警備」、戦闘地域での輸送、医療後方支援の拡大など四類型を挙げているが、実際上、アメリカとの軍事共同作戦となれば軍事常識からして、この四類型に限られないはずである。つまり、一旦集団的自衛という名の共同軍事行動となれば、歯止めは日本側の都合だけでかけられないということだ。

有志連合に日本自衛隊が参加するのか現時点では不透明だが、日米同盟の絶対保守が政権の基盤とさえ言える安倍政権にとっては、無下に拒絶することは不可能であろう。アメリカの機嫌を損ねたくないからだ。

だからと言って改憲を政権の最大とも言える目標に掲げている安倍政権にとって、自衛隊が派遣され不慮の事故に遭遇すれば世論から猛烈な反発を受ける覚悟も必要だ。そこでまたまた特措法の施行など姑息な手法を屈指してアメリカ向けにも国内向けにも了解可能な選択肢を模索中であろう。

そうした意味をも含め、日本の安全保障問題や自衛隊問題は、当面日本社会全体にとっても主要な課題であり続けることは必至だ。そうした時に、日本独自の安全保障政策や議論、さらに自衛隊統制の手法などにつき、確りとした議論が国政の場をも含め進めて貰いたい、と思わずにいられない。

さて、そのような思いを抱きながら、私は今一度自衛隊の現状を踏まえつつ、自衛隊統制の制度であり思想としての文民統制の問題について、議論の材料にして頂けるような本を出したいと思い続けていた。そんな折に偶然にもこの度、山口と秋田に配備計画が持ち上がっているイージス・アショアに関連する本を企画され、その執筆者の一人として声をかけて頂いた緑風出版の高須次郎氏とお会いする機会があった。初対面であったが、遠慮することなく私の思いを吐露したところ、間髪入れないぐらいの速さで引き受けて頂くことになった。高須氏には、重ねて御礼を申し上げたい。

本書が自衛隊問題や文民統制問題に関心を寄せている人たちを含め、多くの方たちの参考となれば幸いである。

二〇一九年八月

纐纈　厚

[著者略歴]

纐纈　厚（こうけつ　あつし）

1951年岐阜県生まれ。一橋大学大学院社会学研究科博士課程単位取得退学。博士（政治学、明治大学）。現在、明治大学特任教授（知財・研究戦略機構）、明治大学国際武器移転史研究所客員研究員。前山口大学理事・副学長。専門は、日本近現代政治史・安全保障論。

著書に『日本降伏』（日本評論社）、『侵略戦争』（筑摩書房・新書）、『日本海軍の終戦工作』（中央公論社・新書）、『田中義一　総力戦国家の先導者』（芙蓉書房）、『日本政治思想史研究の諸相』（明治大学出版会）、『戦争と敗北』（新日本出版社）など多数。

崩《くず》れゆく文民統制《ぶんみんとうせい》
自衛隊の現段階

2019年10月15日　初版第1刷発行　　定価2400円＋税

著　者　纐纈　厚©
発行者　高須次郎
発行所　緑風出版
〒113-0033　東京都文京区本郷2-17-5　ツイン壱岐坂
［電話］03-3812-9420　［FAX］03-3812-7262［郵便振替］00100-9-30776
［E-mail］info@ryokufu.com［URL］http://www.ryokufu.com/

装　幀　斎藤あかね
制　作　R 企 画　　印　刷　中央精版印刷・巣鴨美術印刷
製　本　中央精版印刷　　用　紙　中央精版印刷　　E1200

　ISBN978-4-8461-1916-4　C0031